高职高专通信技术专业系列教材

通信局房工艺及动力系统设计与维护

主 编 杨 光 曾庆珠 王北戎

副主编 郑映昆 郑 彤

西安电子科技大学出版社

内 容 简 介

本书以通信局房设计为主线,从建设与工艺、电源系统、防雷接地系统、空调及安全五个角度进行了详细的讲述,涵盖了现代通信局房设计与管理的完整内容。本书打破了传统教材的编写方式,是经过深入调研,以为企业培养现代通信局房设计人才为目标而编写的新型一体化教材。本书以学生就业为导向,以培养通信类高职高专人才为目标,在结构的安排上按照模块—项目—任务来组织设计,在知识内容的选取上坚持够用、实用的原则,进一步强化知识与技能训练的融合以及教材的科学性、合理性、实用性和针对性,体现了在教、学、做中"知行合一"的中心思想。

全书内容系统,案例丰富,易学易懂,简单实用,并与现代信息化教学手段相融合,以二维码的形式配备了线上教学资源,以方便读者学习。

本书可作为通信类高职高专院校通信工程、通信技术等专业的授课教材,也可作为通信工程设计人员、工程项目管理人员等进行通信局房设计的参考用书。

图书在版编目(CIP)数据

通信局房工艺及动力系统设计与维护 / 杨光,曾庆珠,王北戎主编. --西安:西安电子科技大学出版社,2023.7

ISBN 978–7–5606–6846–8

Ⅰ. ①通… Ⅱ. ①杨… ②曾… ③王… Ⅲ. ①通信系统—机房—供电系统—系统设计—高等职业教育—教材 ②通信系统—机房—供电系统—维修—高等职业教育—教材 Ⅳ. ①TN914

中国国家版本馆 CIP 数据核字(2023)第 080031 号

策　　划　刘玉芳
责任编辑　刘玉芳
出版发行　西安电子科技大学出版社(西安市太白南路 2 号)
电　　话　(029) 88202421　88201467　　　　邮　　编　710071
网　　址　www.xduph.com　　　　　　　电子邮箱　xdupfxb001@163.com
经　　销　新华书店
印刷单位　陕西博文印务有限责任公司
版　　次　2023 年 7 月第 1 版　　2023 年 7 月第 1 次印刷
开　　本　787 毫米×1092 毫米　1/16　印张 13.5
字　　数　318 千字
印　　数　1~3000 册
定　　价　42.00 元
ISBN　978–7–5606–6846–8 / TN

XDUP 7148001–1

前　言

通信局房中安装着通信系统中最核心的交换、传输数据的设备，通常具有枢纽或汇集功能，它不仅是承载电信运营商主要业务的基础设施，在通信行业以外的许多企事业单位的运营管理中也扮演着非常重要的角色。随着 5G 技术、大数据、云计算、移动互联网和物联网等应用的快速发展，通信局房的建设需求越来越大，而且正向着密集型、高耗能的方向发展。为了保证局房内各类通信设备安全可靠运行，减小设备功耗，实现节能减排的目的，行业内对现代通信局房建设在工艺标准、动力环境等方面均提出了更高的要求。

本书内容分为五大模块，分别是通信局房建设与工艺、通信局房电源系统、防雷接地系统、通信局房空调和通信局房安全。在每个模块中采取理论与实践相结合的一体化编写形式，以结果导向来确定学生应会的技能，通过模块下细分的项目和任务，逐层细化学生需要掌握的知识点和技能点，从而较全面地涵盖了现代通信局房工艺设计的完整内容。

本书实用性强，语言简洁精练，阐述全面，难度适中，学练结合，并借助现代信息化教学手段，以二维码的形式配备电子资源，以方便读者学习。与本书配套的在线课程已在中国大学 MOOC 上线，有需要的读者在中国大学 MOOC 官网搜索课程"通信机房供电与安全技术"即可。

杨光、曾庆珠、王北戎担任本书主编，郑映昆、郑彤担任副主编。本书在编写过程中参考了同专业的相关书籍和文献资料，还得到了江苏中通服咨询设计研究院有限公司数据中心工作人员的大力帮助和支持，在此谨向他们表示衷心的感谢。

由于作者水平有限，书中难免有不妥之处，敬请广大读者批评指正，以便再版时修正和补充。

作　者

2023 年 3 月

目　　录

模块一

通信局房建设与工艺

【 模块描述 】 .... ▼

　　为了适应不断涌现的新业务、新技术给通信设备用房需求带来的压力，通信运营商必须建设与之配套的通信机房，为各类业务的一体化提供支持平台。而随着通信技术的发展，设备集成度越来越高，通信局房的工艺对土建要求发生了显著变化，在机房承重、耗电、通风散热等方面的要求较过去也有了较大变化。局房建设是通信工程建设的重要组成部分，是通信业务扩大规模和发展的基础，也是通信网络安全的可靠保证。本模块主要针对通信新技术的发展现状，结合未来发展方向和工程设计实例，从局房选址、局房平面规划和局房工艺等方面对通信局房建设与工艺作一介绍。

学习导图

```
                                          ┌─ 任务1.1.1  通信局房选址
                                          │
                                          ├─ 任务1.1.2  通信局房平面规划
                         项目1.1  通信局房建设 ─┤
                                          ├─ 任务1.1.3  设备布局
                                          │
                                          └─ 任务1.1.4  走线架设计
 模块一  通信局房建设与工艺 ─┤
                                          ┌─ 任务1.2.1  通信局房装修工艺
                                          │
                         项目1.2  通信局房工艺设计 ─┼─ 任务1.2.2  通信局房照明工艺
                                          │
                                          └─ 任务1.2.3  通信局房消防工艺
```

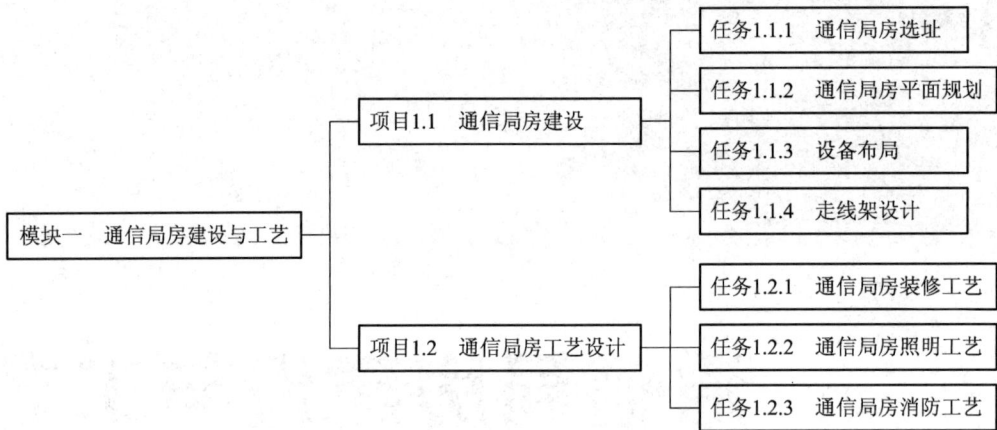

岗位能力分析

➢ 必备知识

- 了解通信局房选址的要求；
- 掌握通信局房平面规划的内容；
- 了解通信局房工艺设计的重要性；
- 掌握通信局房工艺设计的要求。

➢ 必会技能

- 熟悉通信局房工艺设计深度及专业要求；
- 掌握通信局房工艺设计规范；
- 能根据工程要求对工程项目所需局房进行选址；
- 能对新建通信局房进行基本工艺设计。

项目 1.1

通信局房建设

▼

学习情境导入

　　通信局房属于通信机房的一类，包括安装交换、传输设备的专用机房或综合机房，以及主要的配套辅助用房。为与移动通信基站、固定通信网中的远端模块、用户接入设备等用户终端设备机房区分开来，特命名为"通信局房"（注：本书不作区分）。通信局房安装着通信系统中最核心的交换、传输设备，通常具有枢纽或汇集功能。通信局房不仅是承载电信运营商主要业务的基础设施，在通信行业外的许多企事业单位的运营管理中也扮演着非常重要的角色。在本项目中，我们将主要学习通信局房的选址以及局房内部的平面规划和走线架的规划。图 1-1 为大型数据中心主机房。

图 1-1　数据中心主机房

任务分析

　　通信局房作为通信各项业务的基础设施和业务保障平台，在建设时不但应该使其具有通常基建工作的共性，还应该综合考虑通信企业的特点，选择相对合理的建设地点和建设方案。所以本项目的任务要求如下：

(1) 在通信局房建设过程中，要保证它的安全性、可靠性和耐久性，要做好通信局房工程建设的前期选址工作，熟悉选址要求和原则。

(2) 熟悉通信局房平面规划设计的有关规范。

(3) 走线架的布放要综合考虑设备的布局以及设备总线的数量和承重。

任务 1.1.1　通信局房选址

任务实施

通信局房的
选址与规划

一、通信局房选址需考虑的因素

通信局房在建设前期，必须做好局房的选址工作，应着重考虑以下因素：

(1) 选址的地理位置和占地规模，其中包括地价、土地性质、土地属性、土地用途和现况。

(2) 周边环境和道路交通，其中包括是否远离重大工程目标，是否远离政治性群体事件易发区域，能否提供较好的生活配套条件。

(3) 对地震、地质、水文、气象等自然条件的综合评定，避免选址在地震、地质灾害高发区域。

(4) 以供电为主要考虑因素的市政配套条件，各种基础配套设施的到位情况，政府相关部门解决配套基础设施的能力和相关工程费用等。

二、通信局房建设的周围环境

通信局房里面放置的是重要的通信设备，通信设备的安全可靠运行对局房的建设地点、周围环境等都提出了很高的要求。因此，选址时一定要重点考察通信局房建设地点的周围环境，具体来讲有如下要求：

(1) 场地应选择在地形平坦、地质良好的地段，应避开地震断裂带和易受洪水淹灌的地区，与城市建设的总体规划相适应，并考虑交通、供水、供电的便利性，方便通信管道进出。

(2) 远离高压走廊、强电磁干扰区域(电气化铁路、大型变电站)等。电磁干扰对大部分通信设备的稳定性、可靠性和安全性有着直接影响，因此，通信局房应远离高压变电站、电气化铁路等强电干扰源。程控机房与强电干扰源的间距应在 500 m 以外，在 500 m 以内时需进行专题论证和测试。

(3) 应注意环境安全，不应选在易燃、易爆的建筑物和堆积场附近。应避开断层、土坡边缘、旧河道、古迹遗址以及可能塌方、滑坡的地方，要充分考虑洪水与地震等自然灾害的影响。

(4) 远离在生产过程中散发有害气体、较多烟雾、粉尘、有害物质的工业企业等环境污染地区，以保证局房内通信设备的洁净度要求。

(5) 应尽量考虑与移动用户的话务分布密集点一致,方便接入基站和引入中继传输干线。

(6) 除满足近期建设用地之外,还应预留适当的发展余地,占地面积规划规模应基本上能够满足未来 10 年通信相关业务发展的需要。

任务 1.1.2　通信局房平面规划

🔧 任务实施

一、通信局房平面布局需考虑的因素

局房确定下来以后,局房内设备的摆放位置,即局房的平面布局也是至关重要的。一个局房布局是否合理,会直接影响到对该局房的利用率。对于局房的布局要有一个统一的、长远的规划,而不是只考虑本期工程所建设备的摆放及布局,否则可能会导致局房无法继续扩容和局房资源浪费。布局时,具体需要考虑如下因素:

(1) 通信局房需根据用户的设备类型、设备数量设置功能房间。

(2) 通信局房宜设置单独的出入口,当与其他部门共用出入口时,应避免人流、物流的交叉。

(3) 要将工作人员办公区与设备放置区域分开。

(4) 在设置功能房间时要考虑消防分区的要求,房间的面积、门口设置等都需满足消防规范要求。

(5) 通信局房内要划定专门的空调分区。空调分区划分合理有利于通信局房设备的正常工作且能够节约能源。

(6) 局房总体布局宜采用无柱大开间的设计原则,为以后局房建设时灵活布局提供方便。

(7) 要充分了解所选通信设备的功能、各类辅助设备的功能以及对外部环境条件的要求。

(8) 在布局局房时,应准确掌握局房内所有设备的台数、外形尺寸、占地面积、功耗、发热量等数据。

(9) 应充分了解通信系统各设备之间的关系及数据处理工艺流程,画出总体布局图。

(10) 在建设局房时,应对原总体布局进一步研究,对不合理要求应进行调整、修改。

二、通信局房面积的确定

新建通信局房总体布局是在原局房建筑体内按照通信设备的功能、要求和各类配套设备之间的相互关系和数据处理工艺流程给每一类设备分配一个合理的安装场所。无论新建还是改造通信局房,都应满足 5 年内业务发展的需要,因此,在对通信局房建设和布局前,必须先测算好通信局房的面积。通常对各功能局房的面积可按下列公式进行计算。

1. 主机房面积计算方法

(1) 当计算机系统设备已选型时，可按以下公式计算：

$$A = k\sum S_i$$

其中：A——通信局房使用面积(m^2)；

    k——系数，取值为 5～7；

    S_i——安设在局房内的设备的投影面积(m^2)。

(2) 当计算机系统及辅助设备尚未选型时，可按以下公式计算：

$$A = KN$$

其中：K——单台设备占用面积，可取 4.5～5.5 m^2/台；

    N——主机房内所有设备的总台数。

2. 基本工作间和第一类辅助房间面积

基本工作间和第一类辅助房间面积的总和，宜等于或大于主机房面积的 1.5 倍。

3. 其他房间面积

上机准备室、外来用户工作室、硬件及软件人员办公室等可按每人 3.5～4 m^2 计算。

三、通信局房区域的划分

为了便于对通信局房设备进行维护和管理，可将通信局房按照功能和作用进行划分，原则上可将通信局房分为主机房区、动力机房区、操作机房区和辅助机房区。

1. 主机房区

主机房区用于安置小型机/服务器等主机、路由器、交换设备、配电设备等，原则上是无人值守的。

2. 动力机房区

动力机房区包括变配电室、柴油发电机房、UPS 室、电池室、空调机房、动力站房、消防设施用房、消防和安防控制室等，负责整个主机房区关键设备的配电和消防安全，原则上也是无人值守的。

3. 操作机房区

操作机房区一般是网络管理人员上班、值班的场所，一般安装网管监控设备、开发用机或其他业务操作用机。操作机房区和主机房区相通，主要对主机房区进行监控和管理，以免人员频繁进入主机房区。

4. 辅助机房区

辅助机房区按照功能用途分为物资存放区、会议接待区以及生活休息区几类，具体如下：

(1) 库房：一般用来放置仪器、仪表、工具等。

(2) 资料室：用来存放资料的房间。

(3) 钢瓶室：放置气体钢瓶的房间，要求开门方向正对消防通道，以保证危急时刻可以快速处理。

(4) 会议接待室：为机房的参观人员及内部的机房管理人员准备的临时接待场所。

(5) 休息室：提供给机房管理人员值班休息的场所。

(6) 值班及更衣室：设置在机房的入口，以便于管理和满足人员进出的需求。

(7) 洗漱室和卫生间：需设置在管理人员主要工作区域的附近。

整个通信局房按照功能分区规划后，平面布局如图 1-2 所示。

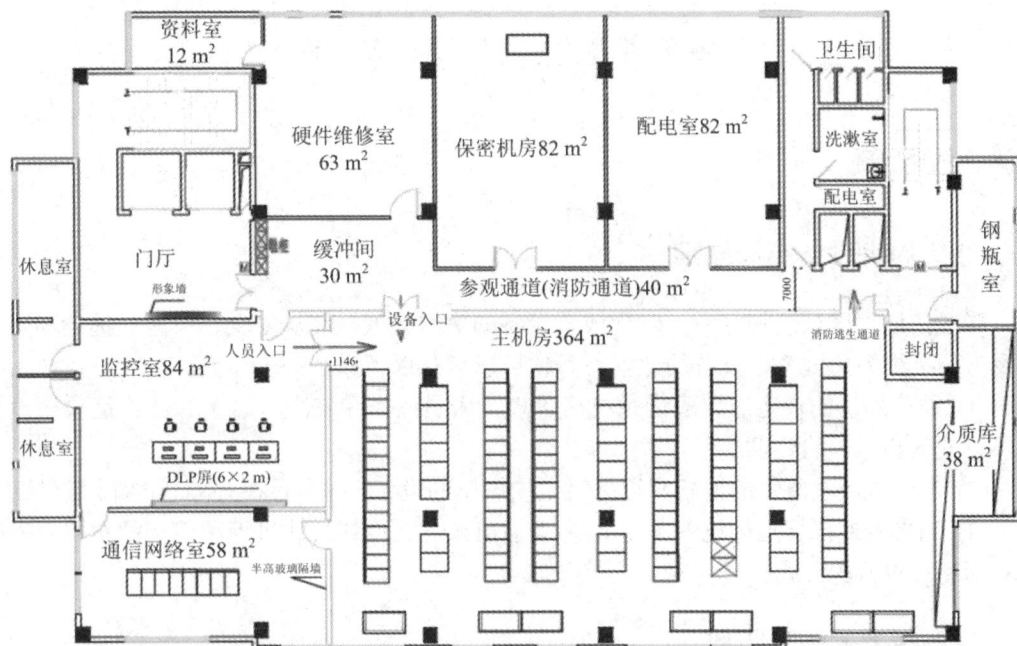

图 1-2　通信局房平面布局规划

四、通信局房功能区布局

在对通信局房进行功能分区布局时，应遵循的基本原则如下：

(1) 局房系统是一个封闭区域，走廊两端设门禁、防火门。

(2) 主配电室、钢瓶室输出管线距离主机房尽可能近一点，使管线简洁，节省投资。

(3) 监控室一般设置在主机房的隔壁，负责主机运行监控管理、环境物理参数监控、摄像系统监控等。

(4) 消防、门禁安保监控另设值班室，进行 24 h 实时监控。

五、中心机房规划布局

当通信局房的中心机房面积和位置确定后，就要和用户多沟通，深入了解用户对布局和功能区的需求，然后再根据机房平面和用户需求，遵循机房建设规范与相关标准，对机房进行合理规划和布局。在进行机房布局时，需要遵循以下原则：

(1) 对中心机房的布局，既要考虑到有效面积的利用率，便于机房设备、服务器机柜的合理摆放，又要兼顾人员和设备的进出通道，避免人员频繁穿越机房区域。与此同时，还要体现出机房的美观、科技形象。

(2) 机房的平面和空间布局应具有适当的灵活性，以便设备增容或扩建。

(3) 尽可能合并和减少辅助机房区的房间，提高主机房区和一类辅助机房区的利用面积。

(4) 便于设备摆放和人员操作，同时满足空调制冷、电源配电的需要。

(5) 进出通道合理布局，便于机房管理维护人员和参观人员合理分流。

任务 1.1.3 设备布局

⚙ **任务实施**

一、通信局房设备布局原则

当通信局房区域规划好后，对于放置设备的房间区域，应从安全、节能、提高利用率以及方便维护等角度考虑设备的放置，具体可以遵从以下原则：

(1) 通信局房的设备布置应满足机房管理，人员操作和安全，设备和物料运输，设备散热、安装和维护的要求。

(2) 产生尘埃及废物的设备应远离对尘埃敏感的设备，并布置在有隔断的单独区域内。

(3) 当机柜或机架上的设备采用前进风/后出风方式冷却时，机柜和机架的布置宜采用面对面和背对背的方式。

二、设备摆放的间隔距离

主机房内和设备间的距离应符合下列规定：

(1) 用于搬运设备的通道净宽不应小于 1.5 m。

(2) 面对面布置的机柜或机架正面之间的距离不应小于 1.2 m。

(3) 背对背布置的机柜或机架背面之间的距离不应小于 1 m。

(4) 当需要在机柜侧面维修测试时，机柜与机柜、机柜与墙之间的距离不应小于 1.2 m。

(5) 成行排列的机柜，其长度超过 6 m 时，两端应设有出口通道；当两个出口通道之间的距离超过 15 m 时，在两个出口通道之间还应增加出口通道；出口通道的宽度不应小于 1 m，局部宽度可为 0.8 m。

任务 1.1.4 走线架设计

📖 **知识引入**

通信局房
走线架规划

一、走线架简介

走线架是机房专门用来走线的设备，是用于绑扎光、电缆的铁架。目前通信局房内设备布线普遍采用走线架进行上走线，因为走线架便于维护与散热，利于空调通风，也能起到防鼠、防水的作用。可以说，为了适应更现代化、规范化的通信局房的建设，走线架俨然已成为机房必不可少的设施。

二、走线架分类

1. 按材质分类

走线架主要有两大类：钢制走线架和铝合金走线架。

1）钢制走线架

钢制走线架主要以不锈钢材质为主。钢制走线架具有强度高、安装简单、成本低等特点。不锈钢桥架经过表面的热镀锌处理后，可以适用于通信机房建设的需要。热镀锌走线架一般用于室外线缆敷设。钢制走线架又可以分为扁钢走线架、C 型钢走线架、U 型钢走线架等。扁钢走线架适用于在基站及较小机房中使用，这种走线架属于比较早期的产品，用钢量大，所以比较重。多孔 U 型钢走线架分为标准的和轻型 U-II 型的两种。U-II 型走线架适合在基站及小机房中使用，可代替扁钢走线架使用，一般厚度为 1.5 mm、2 mm；标准多孔 U 型钢走线架适合在大中小型不同机房中使用，材料厚度为 2 mm，另外可定制 2.5 mm、3 mm 的厚度，结构美观，安装扩容方便，吊挂方式灵活。各种钢制走线架如图 1-3 所示。

(a) 多孔 U 型钢走线架

(b) 镀锌角钢走线架

(c) UG-400 钢走线架

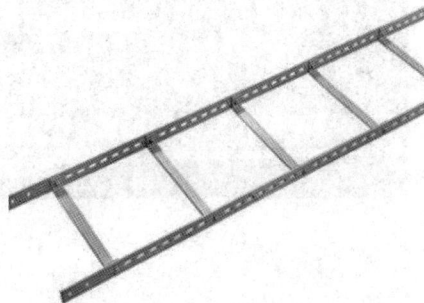

(d) 扁钢走线架

图 1-3　各种钢制走线架

2) 铝合金走线架

铝合金走线架质感均匀、细腻，表面做了氧化处理，整体美观大方且具有抗腐蚀、抗电磁干扰、抗风压等特点，在现代机房中使用频繁，如图 1-4 所示。铝合金走线架不仅可以很好地承托数据线缆，而且对机房内线缆的规整、美观以及后期维护新添等都有重大作用，因此在现代机房建设中，铝合金走线架已成为必备的敷设设备，它在机房综合布线工程中发挥着举足轻重的作用。

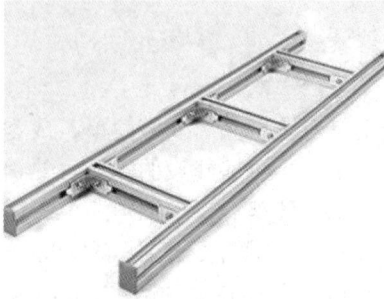

(a) 梯形铝合金走线架　　　　　　(b) 铝合金走线架机房安装效果图

图 1-4　铝合金走线架

2. 按使用场合分类

走线架按使用场合可分为室内型和室外型。室外走线架和室内走线架差不多，材料选用国标 L50 热镀锌角钢或铝材，每根长 3 m，可以满足使用强度的要求。室外走线架也叫走线桥架，有点像固定在墙上的梯子。梯子档可以绑扎光缆、电缆、电线，一般不绑扎光纤，如图 1-5 所示。

(a) 竖放　　　　　　　　　　　(b) 横放

图 1-5　室外走线架

3. 按外形宽度分类

按照走线架的外形宽度尺寸划分，走线架有 200 mm、300 mm、400 mm、500 mm、600 mm、700 mm、800 mm、1000 mm 几个规格。

任务实施

一、走线架承载的确定

在通信局房中，随着通信设备的不断增加和扩容，通信线缆也随之增加，因此在进行机房走线架的安装设计时，必须充分考虑到走线架对线缆的承载安全问题。一旦由于走线架和槽道承载不足，将会导致损毁、坍塌等事故，这将会给通信设备运行和网络安全带来严重破坏并且产生巨大经济损失，因此，在走线架安装之前，必须测试其承载能力。

走线架的最小静荷载根据宽度大小来计算，公式如下：

$$P = 600 \times l \times h$$

其中：P——走线架的最小承载重量，单位为 kg(千克)；

　　　l——走线架的承载程度，单位为 m(米)；

　　　h——走线架的宽度，单位为 m(米)。

例如：宽度为 400 mm 的钢走线架每米的最小静荷载为 600 × 1 × 0.4 kg = 240 kg。

二、室内走线架的安装

1. 安装要求

(1) 列走线架安装在机列上方，走线架宽度不宜超过机列的宽度。

(2) 列走线架应每隔 1500 mm 左右与列架上梁加固，其端部应与列端的连固铁加固。对未装机机列，应设临时立柱支撑。

(3) 主走线架宜安装在机列的某一机架上方，中心线与该机架中心线重合。

(4) 在端墙处主走线架应与端墙加固。若端墙为非承重墙，则应设置支撑柱和加固撑梁加固或采用吊挂加固。加固撑梁应一端或两端延长并与侧承重墙或房柱加固，然后将主走线架与加固撑梁加固。

(5) 主走线架应采用连接件与每机列上梁加固，加固点间距大于 2000 mm 时，主走线架应采取吊挂加固措施。

(6) 过桥走线架宜安装在相邻两机列的列间。

(7) 过桥走线架跨于机房两侧主走线架之间时，应采用连接件与机房两侧的连固铁和主走线架加固。当加固点间距大于 2000 mm 时，应采取吊挂加固措施。

(8) 对高度为 2600 mm 的设备，当机房净高为 3200～3300 mm 时，过桥走线架与主走线架应设在同一水平面上并作垂直连接，连接点处应采取吊挂加固措施。

2. 安装方式

在通信局房内，根据局房的房间建筑结构、承重荷载以及布线方式，走线架的安装方式有吊挂式安装、地面支撑安装、靠墙安装以及机柜顶部安装等。

1) 吊挂式安装

所谓吊挂式安装，就是利用吊杆与屋顶连接。采用吊装安装走线架时，应尽量利用房梁，无房梁时与天花板加固，设计时要充分考虑安装机房的净空高度，还有灯、消防、风管和梁柱等情况。上走线架建议每隔 1.5 m 安装一套吊架，也需根据实际载重计算具体的跨度，当局部有高荷载情况时需增加吊架密度。吊挂加固距离一般不应超过 2000 mm。当走线架的宽度大于 650 mm 时，其加固距离不应大于 1600 mm。当安装双层走线架时，强弱电走线架垂直间隔≥300 mm。当受顶部净高限制时，强弱走线架可在同一平面安装，水平净间隔≥150 mm，建议在 200～300 mm 之间。吊挂的安装应牢固整齐，无歪斜现象。吊挂构件与走线架漆色一致。

具体吊挂式走线架的安装步骤如下：

(1) 根据图纸确定走线架的位置。

(2) 根据走线架的安装位置确定吊杆的安装位置，并做出孔位标记。

(3) 在孔位标记处打膨胀孔来安装吊挂。吊挂是在走线架侧面吊装。吊挂的两个螺杆的中心距是走线架的宽度 + 50 mm。如果走线架宽度为 600 mm，则吊挂螺杆的中心距是 650 mm，每边各多出 25 mm。吊挂长度的确定：多层走线架侧吊挂的长度 = 楼层高度 − 地板高度 − 最下层走线架的距地高度；单层走线架侧吊挂的长度 = 楼层高度 − 地板高度 − 走线架的距地高度。例如，楼层高度 4.8 m − 地板 0.65 m − 走线架距地 2.35 m = 1.8 m。

(4) 将膨胀螺栓 M8×80 的螺母逆时针旋至膨胀螺栓顶部，并垂直放入膨胀孔中，用锤子敲打膨胀螺栓套管将其全部敲入屋顶墙体内。

(5) 使用螺栓 M6×20 和螺母 M6 将弯角连接件安装在吊杆两端。

(6) 在膨胀螺栓上套上绝缘板，将弯角连接件的安装孔穿过膨胀螺栓，依次加装绝缘垫、大平垫 8、弹垫 8 和螺母 M8，紧固螺母 M8 以固定吊杆。

(7) 用螺栓 M8×20 和螺母 M8 将线体和吊杆连接起来。

吊挂式安装走线架示意图如图 1-6 所示，机房实际安装效果图如图 1-7 所示。

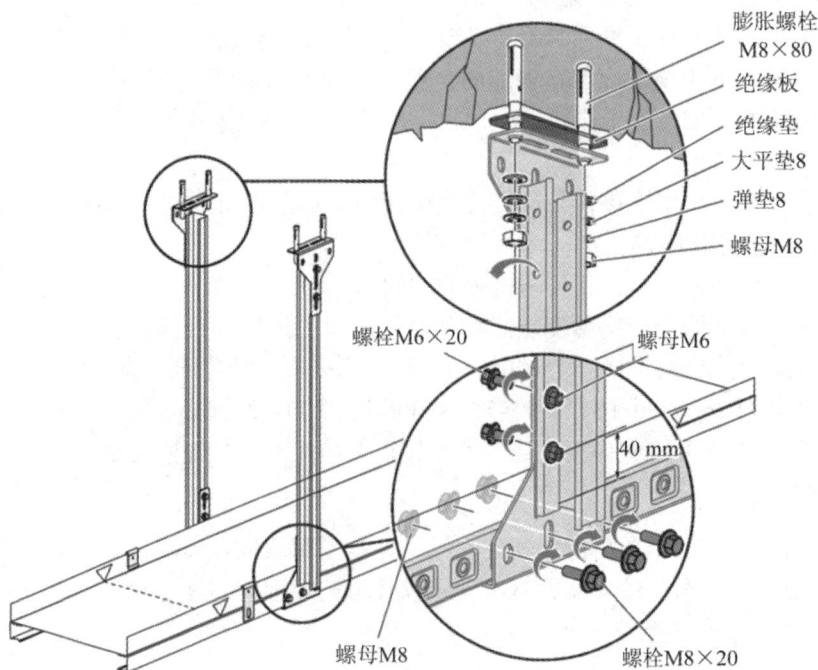

图 1-6　吊挂式安装走线架示意图

图 1-7　吊挂式走线架机房实际安装效果图

> **注意**
>   • 安装吊挂式走线架时一定要注意避开梁。当避开相交走线架时，吊挂位置应打在相交走线架的内部。
>   • 在走线架的接头处一定要有吊挂的吊装，这可以减少走线架的变形，加大走线架的承载力。
>   • 吊挂的间隔要求为 1000～1500 mm，每拼走线架的长度是 3000 mm。

2) 地面支撑安装

地面支撑安装是利用支撑杆与地面连接，将走线架立地安装。在机房内无条件吊顶或设备未到位的情况下，走线架可固定在墙端与地面之间。如果机房中安有防静电地板，则需将防静电地板开孔，使立柱与地面生根固定。地面支撑安装方法与吊挂式安装方法类似。图 1-8 为地面支撑走线架机房的安装效果图。

图 1-8　地面支撑走线架机房的安装效果图

3) 靠墙安装

当走线架需要靠墙放置时，可采用靠墙安装的方式。具体安装步骤如下：

(1) 根据工程设计文件，确定走线架的安装位置。

(2) 确定三角支架的安装位置，用三角支架作为模板标记钻孔位置，一般每段线梯由两个三角支架支撑，彼此之间的间距为 1250 mm。

(3) 在孔位标记处打孔。

(4) 将膨胀螺栓 M8×80 的螺母逆时针旋至膨胀螺栓顶部，并垂直放入膨胀孔中，用锤子敲打膨胀螺栓套管将其全部敲入墙体内。

(5) 将三角支架的安装孔穿过膨胀螺栓，依次加装绝缘垫、大平垫 8、弹垫 8 和螺母 M8，紧固螺母将三角支架固定在墙上，如图 1-9 所示。

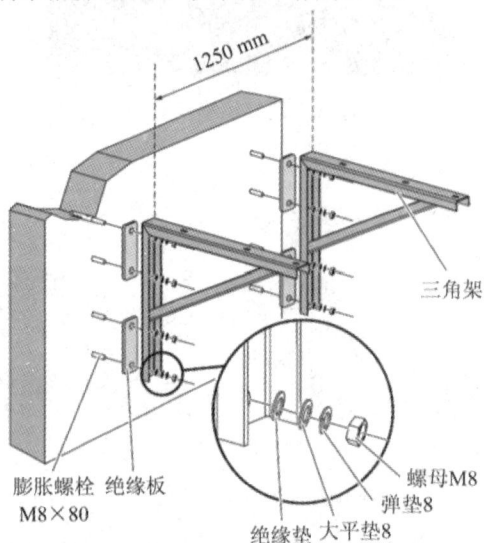

图 1-9　固定三脚架

(6) 直接将线梯搁置于三角支架横梁上，将线梯两侧槽形钢下翼缘面上的孔与三角支架横梁上的安装孔对齐，用螺栓 M6×20 和螺母 M6 将线梯固定在三角支架上。

靠墙安装走线架的机房效果图如图 1-10 所示。

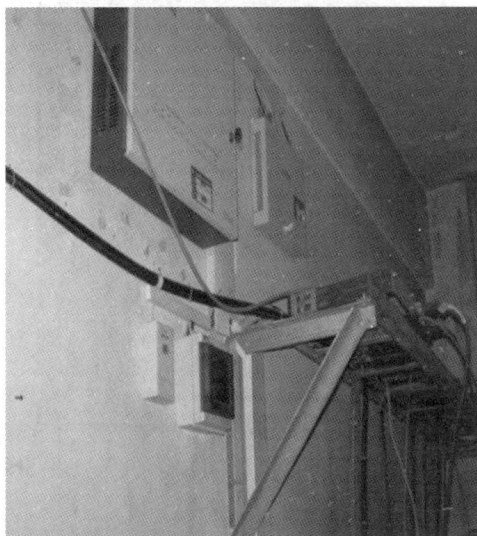

图 1-10　靠墙安装走线架的机房效果图

> **注意**
> · 三角支架与墙之间固定时，必须增加绝缘板与绝缘垫，以使走线架与墙绝缘。
> · 利用膨胀螺栓将三角支架固定在墙壁上时，必须用大平垫 8 代替膨胀螺栓所带的平垫圈。
> · 相邻三角支架之间的间距必须保证为 50 mm 的整数倍，否则，将导致线梯无法与三角支架连接固定。推荐三角支架的间距为 1250 mm，即每段线梯由两个三角支架支撑。

4) 机柜顶部安装

在通信局房走线架的实际安装中，有时会因楼层过高、顶部结构特殊或业主不想破坏吊顶等原因造成无法实施吊挂式安装，在这种情况下可选择机柜顶安装走线架。顶部支架与机柜采用螺栓连接固定，若机柜顶部无孔，则需现开孔。底层走线架一般高于机柜顶150～200 mm，实际高度需综合考虑机房的整体情况，优先保证走线架上方的走线空间。需要注意的是，这种安装需机柜全部到位，并且机柜之间的间距不可过大，否则会导致走线架跨距过大，造成塌腰，而且安装完后机柜不方便调整。

机柜顶部安装走线架的具体步骤如下：

(1) 准备上支架。

(2) 利用机柜顶部两个螺栓孔安装上支架。

(3) 利用螺栓 M6×20 和螺母 M6 将线梯与上支架固定。

机柜顶部安装走线架示意图如图 1-11 所示，机房安装效果图如图 1-12 所示。

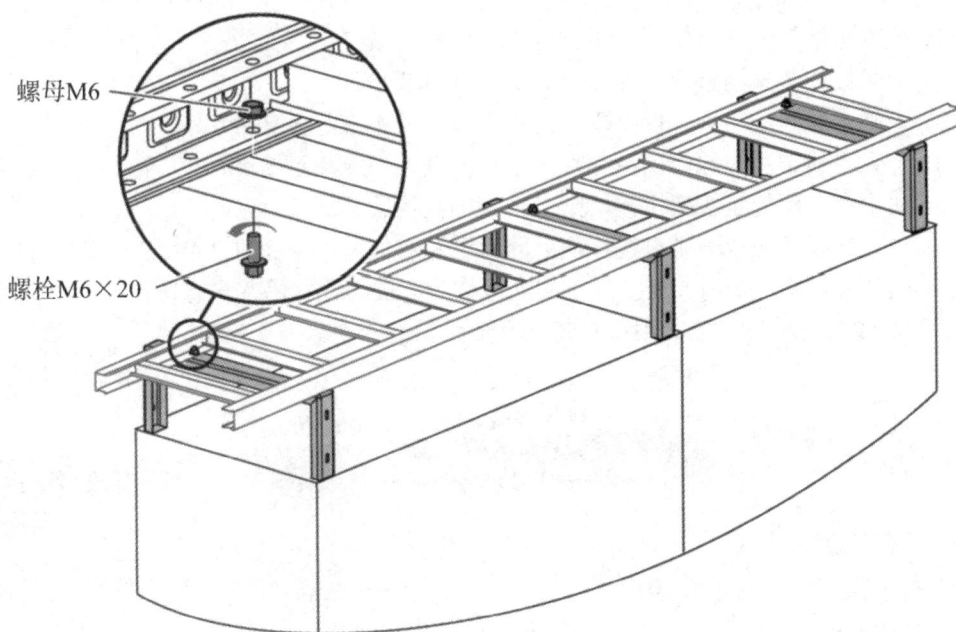

图 1-11　机柜顶部安装走线架示意图

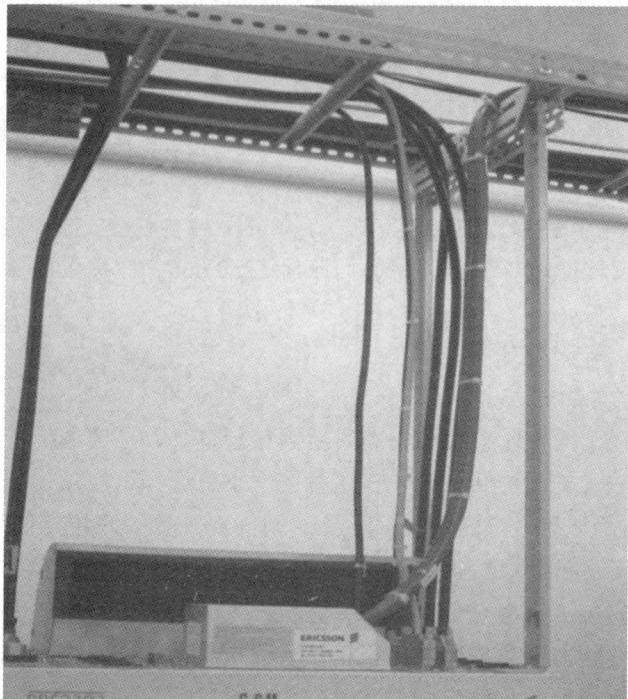

图 1-12　机柜顶部安装走线架机房效果图

三、室内走线架安装质量检查

走线架安装完成后，为了保持工程质量，为后面的线缆敷设提供安全保障，必须对安装好的走线架进行质量检查，其工程质量标准应符合下列规定：

(1) 检查走线架的安装位置是否符合设计文件的规定。

(2) 走线架安装牢固整齐，并与机架保持垂直或平行。

(3) 水平走线架应与列架保持垂直，水平度偏差不应超过 2 mm。

(4) 竖直走线架应与地面保持垂直，垂直度偏差不应超过 3 mm。

(5) 如果存在两处走线架拼接，则水平度偏差不应超过 2 mm。

(6) 列间走线架应成一条直线，从前向后看左右偏差不应超过 3 mm。

(7) 沿墙安装走线架时，墙上埋设的支撑物应牢固可靠，沿水平方向的间隔距离均匀。安装后的走线架应整齐一致，不得有起伏不平或歪斜的现象。

※❁　小 试 牛 刀　❁※

一、简答题

1. 简述通信局房选址的要求。

2. 简述通信局房功能分区的基本原则。

3. 简述通信局房设备布局的原则。

二、多项选择题

1. 通信机房工艺设计的重要性体现在(   )。

A. 通信局房工艺设计是自建通信局房建筑设计的重要依据。

B. 通信局房工艺设计是自购局房和租用局房能否启用的重要依据。

C. 通信局房工艺设计可以提高建设投资效益。

D. 通信局房工艺设计可以降低运行维护成本。

2. 通信局房按照建设方式,通常可分为(   )。

A. 自建局房   B. 自购局房

C. 租用局房   D. 改造局房

3. 按照功能划分,通信局房通常包括(   )。

A. 通信设备机房   B. 配套机房

C. 为通信生产配套的辅助生产性房屋   D. 辅助用房

4. 下面说法错误的是(   )。

A. 通信局房需根据用户的设备类型、设备数量来设置功能房间。

B. 为方便设备维护,应将工作人员办公区设置在设备放置区域内。

C. 通信局房空调分区划分的合理性有利于通信局房设备的正常工作和节约能源。

D. 局房总体布局上不宜选择过大的房间,以降低空调能耗。

5. 下面属于辅助机房的是(   )。

A. 库房   B. 资料室   C. 休息室   D. 会议室

6. 走线架的安装方式主要有(   )。

A. 吊挂式安装   B. 地面支撑安装

C. 靠墙安装   D. 机柜顶部安装

7. 采用上走线架布放线缆的优点有(   )。

A. 便于维护与散热   B. 利于空调通风

C. 防鼠、防水   D. 防止集尘

三、单项选择题

1. 主机房内用于搬运设备的通道净宽不应小于(   )。

A. 1.0 m   B. 1.2 m   C. 1.5 m   D. 2.0 m

2. 机房内面对面布置的机柜或机架正面之间的距离不应小于(   )。

A. 1.0 m   B. 1.2 m

C. 1.5 m   D. 2.0 m

3. 成行排列的机柜,其长度超过_____时,两端应设有出口通道;当两个出口通道之间的距离超过_____时,在两个出口通道之间还应增加出口通道;出口通道的宽度不应小于_____,局部可为_____。本题应选(   )。

A. 6 m, 15 m, 1 m, 0.8 m   B. 5 m, 10 m, 1 m, 0.8 m

C. 6 m, 15 m, 0.8 m, 1 m   D. 5 m, 10 m, 0.8 m, 1 m

4. 机房选址说法不正确的一项是(   )。

A. 机房选址时要考虑地理位置和机房的占地规模大小。

B. 机房选址应有好的卫生环境，不宜选择在生产过程中散发有毒害气体、毒害物质，粉尘的工矿企业附近。

C. 在城市广场、闹市地区、影剧院、汽车站火车站等地，人员密集，通信业务需求大，宜将机房建在这里。

D. 局站址应选择在平坦地段，应避开断层、土坡边缘、旧河道和有可能塌方、滑坡和有开采价值的地下矿藏和古迹遗址的地方。

四、判断题

1. 通信机房是安全重地，一定要注意安全防火，因此，出入的大门应设置门禁装置，并采用防火门设计。 （　　）

2. 在现代通信局房的设计中，辅助机房区的房间尽量要划分详细，功能齐备。 （　　）

3. 当机柜或机架上的设备为前进风/后出风的冷却方式时，机柜和机架的布置宜采用面对背的方式。 （　　）

4. 热镀锌走线架一般用于室外线缆敷设。 （　　）

5. 在机房内，列走线架安装在两机列走道的上方，走线架宽度不宜超过机列的宽度。
（　　）

6. 地面支撑安装走线架时，如果机房中安有防静电地板，应将支撑杆与防静电地板安装固定。 （　　）

能力拓展

完成新建数据中心机房的平面规划

某大学新校区内需要新建数据中心，以满足学校教学、科研以及师生的工作生活需要。在与校方沟通后，机房选择建在新建图文信息中心大楼五楼(顶楼)，预计建设机房可用面积为 450 m^2，机房平面结构如图 1-13 所示。初步设计整个数据中心机房分设主机房区、监控室、配电室、电池室、资料室、备件间、钢瓶室、休息室。数据中心机房内一期工程共摆放 2 台精密空调，12 台机柜，其中服务器机柜 7 台，网络机柜 5 台。市电、UPS 配电柜摆放在配电室，UPS、电池柜单独放置在电池室，输出电源线引至数据中心机房。根据设备量和机房日后发展的需要，服务器共规划了 20 台机柜位置，预计可满足 10～20 年发展设备扩容的需要。根据以上工程背景，完成以下任务：

(1) 根据初步设计规划，试对 450 m^2 机房占地进行合理的功能分区，并估算各功能分区的面积，把分区情况画在机房平面图上。要求区域规划合理适中，考虑到未来的发展规划和设备扩容的需要，各区域之间留有适当的走道，方便设备的搬移和工作人员维护。

(2) 设计合理的设备排列方式和摆放间隔，并将间隔尺寸标注在机房平面图上，保证设备的正常维护需要。

(3) 确定采用走线架的规格以及安装方式，安装位置，并绘制相应的机房走线架平面布置图。

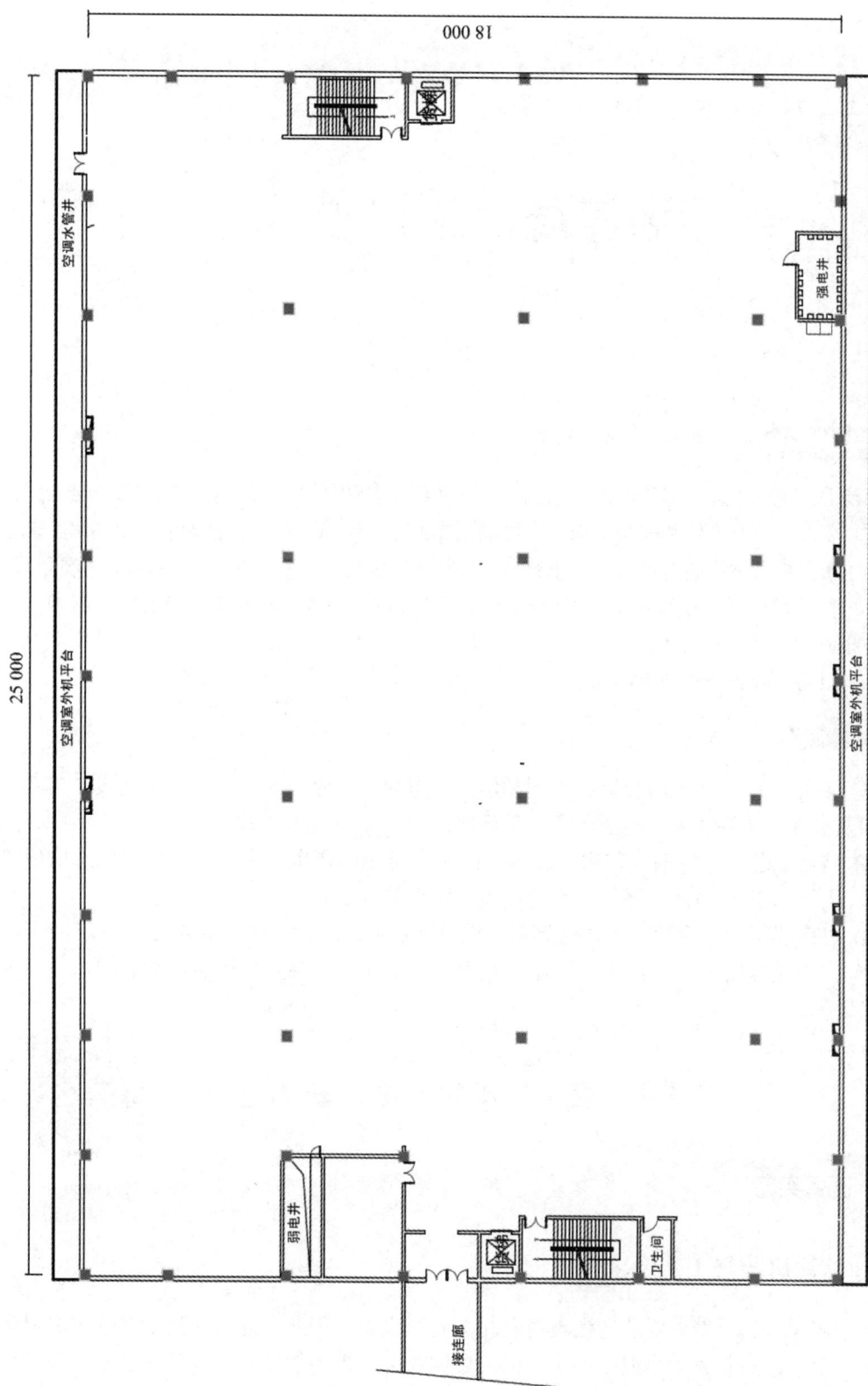

图 1-13　新建数据中心机房平面结构图

项目 1.2

通信局房工艺设计

▼

学习情境导入

通信局房工艺设计虽然不直接关系到具体的通信设备和相关配套设备的配置和安装，但却是这些设备能够顺利安装和安全、稳定、可靠工作的重要保障。科学、合理的通信局房工艺设计有助于机房内各种设施合理安装，更有效地发挥其功能作用，提高建设投资效益，降低运维成本。早期的通信局房规模较小，所容纳的通信设备数量不多，随着通信设备的发展和升级换代，相应的对通信局房的工艺在安全、节能、环保方面提出了更高的要求，而且要求充分考虑人、设备、环境三者的协调性和亲和性，在风格上也更强调现代、高雅、美观、适用。

任务分析

本项目中，主要从机房装修、照明和消防三方面具体介绍通信局房的工艺设计内容、方法和要求等。在设计中，需要注意以下问题：

(1) 装修工艺设计应满足防火、防潮、防水、防尘的要求，注意装修材料的选取应符合耐久、不易变形、清洁、环保、无毒、无刺激性的要求。

(2) 机房照明设计应参照《通信建筑工程设计规范》(YD5003—2014)相关要求执行。

(3) 由于通信机房的重要性，所有机房的消防设计必须要安全可靠，无腐蚀，不会损坏通信设备。

任务 1.2.1　通信局房装修工艺

任务实施

通信局房室内
装修工艺

一、通信局房装修工艺要求

通信局房内放置着重要的通信设备和相关配套设备，因此，通信局房的装修首先要满足安全的要求，随着大型数据中心机房的发展和壮大，机房的装修还要满足美观以及工作人员的舒适和健康的需求。具体要求如下：

(1) 通信局房的装修应满足防火要求，室内装修材料应采用非可燃或阻燃材料，禁止采用木地板、木隔墙、木墙裙等木质装修材料及其他易燃的装修材料。

(2) 通信局房的装修应考虑防潮、防水。必要时，可以采取设置挡水围堰及地漏以及安装漏水报警系统等措施。

(3) 机房装修应注意防尘，根据 GB50174 的规定，主机房的空气粒子浓度，在静态或动态条件下测试，每立方米空气中粒径大于或等于 0.5 μm 的悬浮粒子数应小于 17 600 000 粒。为了能够达到规范要求，除采取空气过滤处理以外，还需选择不起尘的装修材料，以及采用隔断等方式对不同防尘指标空间环境进行有效分隔。

(4) 装修材料应选用耐久、不易变形、易清洁、环保、无毒、无刺激性的材料。同时，为避免机房内产生诸如反射光、折射光、眩光等干扰光线，宜选用亚光材料或带亚光涂层的材料。

二、通信局房室内装修

1. 地面

通信局房的地面应符合绝缘、抗静电、耐久、耐磨、防火的要求，并且容易清洁，不易产生灰尘，表面光滑平整，有足够强度。对于采用上走线或空调上送风的局房，不铺设地板，宜采用防静电水磨石、防静电地板砖，机架直接固定在地面上。如机房地面采用敷设防静电地板时，当地板下空间只作为电缆布线使用时，地板高度不宜小于 250 mm；当活动地板下的空间还作为精密空调的送风静压风库，通过地板上设置的送风口，利用降压复得法，把冷风送至机柜，则地板高度不宜小于 400 mm。

抗静电活动地板由两部分组成，即抗静电活动地板板面和地板支承系统，主要为横梁、支脚和螺杆，用以调节地板面水平。抗静电活动地板的种类较多，根据其基层材料可分为复合(中、高密度刨花板)地板、全钢地板、硫酸钙地板、铝合金地板等，地板表面都做过防尘处理，规格一般为 600 mm × 600 mm。各类活动地板及结构组成如图 1-14 所示。

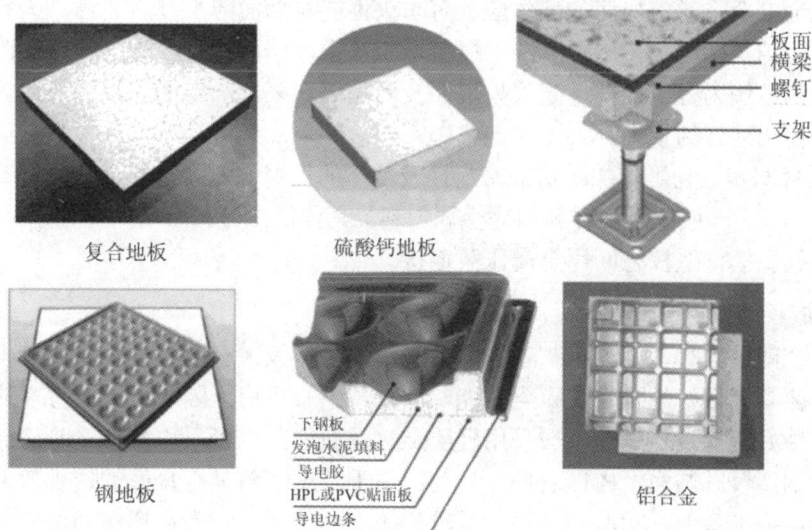

图 1-14　抗静电活动地板及结构组成

安装抗静电地板时需要注意以下几个问题：

(1) 要求同时安装静电泄漏系统，铺设静电泄漏地网，将静电泄漏干线和机房安全保护地的接地端子封在一起，将静电泄漏掉。

(2) 如果空调采用下送风，则需要安装带有圆形通风口的通风地板，与普通活动地板配合使用，如图 1-15 所示。

(3) 活动地板应安装牢固、稳定、紧密且易于更换。

图 1-15　通风地板与活动地板配合使用

2. 墙(柱)面

为了保证安全，通信局房的墙体应具有防火性能，墙面应平整、光洁，无裂缝，不易吸尘，不起尘掉灰，避免使用踢脚线，以免堆积灰尘，墙面涂刷亚光油漆或乳胶漆，以明朗、整洁浅色色调为宜。此外，建议外墙面及内隔墙均采取一定的保温隔热措施，以减少机房空调的使用能耗的损失。

对于 A 级机房，为了增加机房的密封性及墙体的保温性，同时要屏蔽一定数量的电磁波和无线电干扰，一般要求墙体材料为金属材料。具体做法是：沿墙做龙骨，内填保温棉，然后安装金属壁板，壁板之间用金属压条连接。

3. 隔断

当机房空间过大时，不便维护管理，可采用隔断将较大空间划分为不同的机房或功能分区。隔断应具有很好的隔音、隔尘功能，同时，中心机房区隔断还要具有易清洁、平整度好、透光性好等特点。隔断一般采用轻质土建隔断墙，也可采用轻钢龙骨架加纸面石膏板做基层，铝塑板做饰面，内镶岩棉。目前，由于玻璃隔断具有良好的透视效果，既能满足工作人员监控设备运行状况的需要，又较传统隔断美观，经常在通信局房中使用。但为了安全起见，一般采用 12 mm 铯钾防火玻璃隔断，耐火时限≥90 min，且具有良好的隔声，抗冲击性，如图 1-16 所示。

图 1-16　玻璃隔断机房

4. 门、窗

通信局房门窗应具有耐久、节能、密封、隔声、防尘、防水、防火、抗风、隔热、抗结露等性能。安装通信设备及通信电源的房间门的尺寸应满足设备和材料运输的需要，门洞宽度不宜小于 1.5 m，门洞高度不应小于 2.3 m，门宜向疏散方向开启。机房主入口根据安防要求需设置钢制防盗门，配置必要的门禁管理系统。

对常年需要空调且无人值守的通信机房，为了保证机房空气洁净和安全，原则上是不设置窗的，如果要考虑立面效果，可采取"保留外窗，内设封闭"的方法，并且还要采取必要的安全措施。

5. 吊顶

机房顶部可以采用无吊顶和安装吊顶两种方案。当大楼层高不足时，可以不用吊顶，这样便于机房采用吊挂式桥架上走线，当大楼层高满足要求时，为美化机房环境，同时也为了吸音防尘及机房专用空调的回风，可考虑安装吊顶，如图 1-17 所示。

图 1-17　机房吊顶效果图

吊顶内有大量的管线，在吊顶面上还安装着嵌入式的灯具、通风口、消防报警探头、气体灭火喷头等装置。吊顶材料应满足吸音、防火、防尘、防潮要求并能有效防止电磁波干扰。目前，工程多采用轻钢龙骨骨架，安装铝合金微孔吸音吊顶板，规格为 600 mm × 600 mm，厚度一般不小于 0.8 mm，如图 1-18 所示。吊顶板的表面一般采用氟碳或粉末喷涂，漆面牢固，表面不易起尘，故有较强的自洁能力，其燃烧性能均为 A 级，可广泛用于各类机房区域，以满足计算机设备对尘埃的要求。

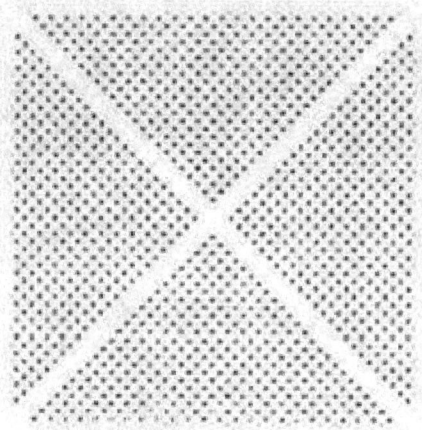

图 1-18　吊顶板

安装吊顶时还应注意以下几点：

(1) 每一块吊顶板应方便单独安装和拆卸，便于内部管线布放及维修。

(2) 安装吊顶前，原顶棚应进行防尘及保温处理，同时，吊顶本身应要与整个机房风格保持统一。

6. 插座

各通信局房、电力机房内的电源插座采用沿墙边地面暗敷设的方式，其他房间和公共部位的电源插座也采用暗敷方式，引自本层配电间的照明配电箱，进线室电源插座距地面高度 1.4 m，其他通信局房和其他场所的插座安装距地面高度均为 0.3 m，如图 1-19 所示。

图 1-19　一般通信局房电源插座安装位置

三、通信局房装修常见问题梳理及处理方法

问题 1：装修设计缺少经验，误以为地板接地设计属于电气设计范畴，导致机房地板施工时，发现没有设计地板下的接地铜箔。改进措施需要在装修内增加接地铜箔。

问题 2：对于高级别的数据中心机房，根据规范的要求，地板下的保温材料为 A 级不燃材料。如果装修设计及招标中没有对岩棉的参数作出要求，导致装修专业施工中采用的岩棉质量很差，没办法保证机房洁净度，如图 1-20 所示，这时可以考虑在岩棉板上增加一层镀锌铁皮来补救，如图 1-21 所示。

图 1-20 单层铝箔岩棉保温板

图 1-21 岩棉板上增加镀锌铁皮效果图

问题 3：机柜、电池、UPS 的底座，最好选择可调节底座，或者采用现场焊接。地坪不平的情况下，成品角钢焊接的底座，现场很难调平。

问题 4：机架的接地铜条，要先打好孔，再安装，不能接地铜条装到机架上，再打孔。

问题 5：办公室、会议室吊顶上所有烟感探测器、风口要统一位置。

问题 6：变配电室等要做挡鼠板，进机房的洞口和管线要安装防鼠网。

任务 1.2.2 通信局房照明工艺

任务实施

通信局房
照明工艺

一、通信局房照度设计

机房照明的好坏不仅会影响机房工作人员的工作效率和身心健康，还会影响机房设备的可靠运行。在机房内，为了防尘和节能，通常采用无窗结构设计，因此室内照明以人工采光为主。为了保证机房充足照明，达到良好的采光效果，应当明确照明类型，合理选择照明方式，灯具类型及安装方法。

1. 相关名词解释

(1) 光通量ϕ：指发光强度为I的光源在立体角$d\Omega$内的光通量，$d\phi = Id\Omega$，或者说光通量是单位时间内通过某一面积的光量，其单位为流明(lm)。

(2) 照度E：光通量投射到物体表面时，即可把物体表面照亮，照度就是光通量的表面密度，即射到物体表面的光通量ϕ与该物体表面的面积S的比值，即$E = \phi/S$，其单位为勒克斯(lx)。

2. 照明方式

照明方式主要包括一般照明、混合照明和事故照明三种。一般照明又叫普通照明，是指整个场所或场所的某部分基本上照度均匀的照明。混合照明是指在一般照明不满足局部需求时，增加局部照明从而组成混合照明。通信局房内，根据房间的大小和机架数量及摆放位置情况，又可分成分区一般照明、列架的局部照明以及混合照明。事故照明又称应急照明，是指在正常照明因故障或停电熄灭后，供处理机房设备遗留工作或供工作人员、设备转移用的照明。

3. 照明设计基本要求

照明设计计算点的参考平面高度应为0.8 m水平工作面，垂直面照度(直立面照度)的参考高度为距地面1.4 m的垂直工作面，各通信局房的照度要求见表1-1。

表1-1　各通信局房的照度要求参照表

序号	机 房 名 称	被照面	照明方式	照度/lx
1	交换机房、计算机机房、数据通信机房、传输机房、移动通信机房	水平面	一般照明	300
		直立面		100
2	网络管理中心、计费中心、维护中心、控制室	水平面	一般照明	500
3	电力室、高压配电室、低压配电室	水平面	一般照明	200
		直立面		75
4	光(电)缆进线室、发电机房、变压器室、空调机房	水平面	一般照明	100

二、照明质量与灯具选择

通信局房应保证充足照明，局房内还应设有疏散照明、应急照明和安全出口标志灯。照明光源选择应考虑均匀度，工作区域内一般照明的照明均匀度不应小于0.7，非工作区域不低于工作区域一般照明照度值的1/3。所有的照明光线要求均匀柔和、无闪烁、低眩光。通信机房宜选择开敞式带反射罩的灯具，其效率应不小于75%，一般机房建议照明灯具选择T5或T8系列的高效节能三基色荧光灯，不应使用普通电感式镇流器，宜采用高效优质电子镇流器。发电机房、水泵房、冷冻机房等的照明宜采用高效、显色性好的节能灯、金卤灯。荧光灯会有频闪效应，不宜安在需要防止电磁波干扰的场所或会影响视觉作业的地方。储油间应安装防爆型的安全灯具，且不应在室内安装电气开关、插座等。地下光(电)缆进线室应采用具有防潮性能的安全灯，灯开关安装在门外。电力机房、高低压配电室和油机发电室等重要的配套机房，还必须安装事故照明灯具。

三、灯具的安装与控制

设备机房和配套机房的灯具多采用吸顶式或吊挂式安装，照明线路应从低压配电室单独引入，各种灯具线路进行分区布线，采用开关分区、分组控制。机房内的照明控制开关应设在机房入口处，储油间内不应在室内安装电气开关、插座等，地下光(电)缆进线室的灯具开关应安装在门外。照明灯具电线不得使用铝线，接入保证供电系统的灯数不得少于总灯数的 1/3，当市电停电时，可转为柴油发电机为其供电，在供配电线路上应从低压配电室单独引入。通信机房内安装照明灯具时，灯具应与机架平行，且安装于机架列间，在设备正面和背面均有灯光直射，尽可能避开列架、走线架。某机房照明工艺图如图 1-22 所示。

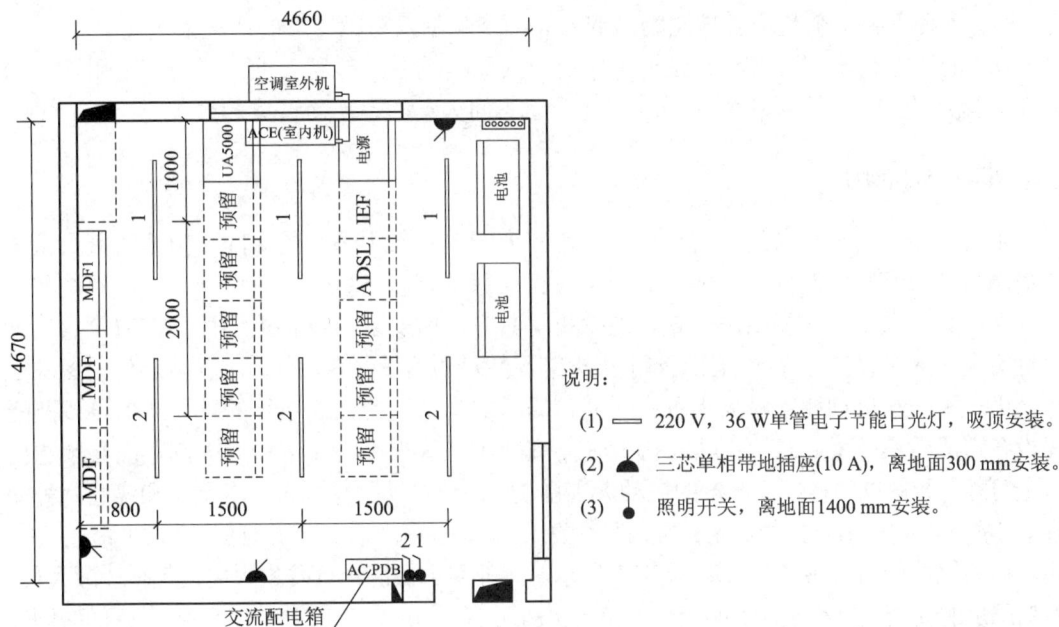

说明：

(1) ——　220 V，36 W单管电子节能日光灯，吸顶安装。

(2) ◢　三芯单相带地插座(10 A)，离地面300 mm安装。

(3) ◗　照明开关，离地面1400 mm安装。

图 1-22　机房照明工艺图

任务 1.2.3　通信局房消防工艺

📖 知识引入

一、通信局房火灾事故原因

火灾是各类机房所遇灾害中，发生次数最多，危害最大的灾害之一。机房内放置的各类信息通信设备及辅助设备的造价都十分昂贵，而且承载着信息通信业务和大数据的实时处理，一旦发生火灾，将直接危害工作人员、设备、存储资料的安全，尤其是大型的数据中心机房，由于火灾而导致设备损毁、信息通信业务中断，将给国家和人民造成无法估计的损失。分析通信机房火灾事故原因，主要有以下几方面：

（1）电气设备、线路老化或超负荷运行，长期温升又反过来加速了设备和线路的老化，形成恶性循环，造成线路短路、过载等引发火灾。

（2）运行的通信设备及工作人员的衣服都可能产生静电，如机房接地系统设计不良，可能会发生静电放电现象，产生火花而引燃周围可燃物造成火灾。

（3）雷击等强电入侵造成火灾。

（4）电线电缆布线设计或施工不合规范。

（5）没有做好防鼠措施，老鼠咬破电线，造成短路起火。

（6）机房装修使用可燃材料，尤其是空调隔热层和风管隔热材料是容易被人们忽视的地方。

（7）管理不善，杂乱堆放易燃物品或保养维修时引入易燃易爆的清洗溶剂。

（8）消防隔离设计欠妥，导致机房建筑与其他建筑之间距离较近，或与其他用途房间同在一幢建筑物中，受到相邻建筑或其他用途房间火灾的牵连而造成起火。

二、消防系统组成

消防系统是通信设备机房、电池电力室和变配电室必不可少的保障，由消防灭火系统和消防自动报警系统两部分组成。其中消防灭火系统有烟烙尽、二氧化碳、三氟甲烷和七氟丙烷等灭火系统。需要指出的是，通信机房具有：所安装的设备重要性强，造价高、火灾危害大、无人值守的特点，因此要求灭火剂不能对通信设备有污损，不影响通信设备的运行。由于泡沫灭火剂和干粉灭火剂会对通信局房内部安装的在线运行的重要通信设备及配套设备造成污染，引起二次灾害，因此，不宜使用泡沫灭火剂和干粉灭火剂，而必须选用安全可靠、无腐蚀、不损害设备的自动灭火系统。消防自动报警系统包含烟感和温感两种探头，可实现防护区内发出声、光告警信号，关闭风机、空调、防火阀并延时 30 s 即喷放灭火。通信局房完整的消防系统组成如图 1-23 所示。此外为了保证一旦发生火灾，及时疏散人员，通信局房的安全出口不应少于两个，并位于机房两端，门应向疏散方向、走廊、楼梯间畅通，并设有明显的疏散标志。

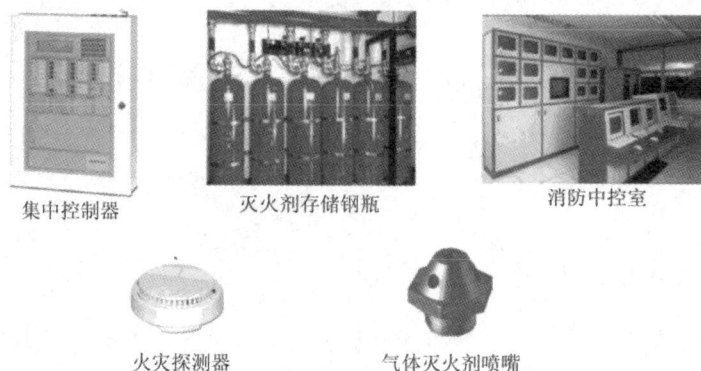

集中控制器　　　　　灭火剂存储钢瓶　　　　　消防中控室

火灾探测器　　　　气体灭火剂喷嘴

图 1-23　通信局房消防系统的组成

任务实施

一、明确消防工艺要求

消防工艺是对气体消防的机房提出的要求，应符合国家现行的相关规范和标准执行。具体如下：

(1) 通信机房属于重要的防火场所，应采用可扑救电火灾的灭火器。灭火器的选型应优先考虑系统的可靠性、环保性、先进性、经济性，且所使用的灭火剂不得损害通信设备。

(2) 目前国内绝大多数通信机房采用的是气体灭火系统，气体灭火系统的设计及安装应符合相应国家标准。

(3) 安装有洁净气体灭火系统的主机房，应配置专用空气呼吸器或氧气呼吸器。

(4) 通信机房内应设置两组独立的火灾灭火探测器，且能与灭火系统联动。

(5) 通信机房内应设置警笛，机房门口上方应设置灭火显示灯。灭火系统的控制箱(柜)应设置在机房外便于操作的位置，且应有保护装置防止误操作。

二、气体灭火系统及灭火剂的选择

1. 气体灭火系统的选择

通信机房的气体灭火系统采用的是全淹没气体灭火系统，分为官网灭火系统和预制灭火系统。管网灭火系统适合于防护区相对集中的机房，可对 2 个及以上防护区进行保护。预制灭火系统主要是针对单一防护区的机房，或防护区数量较少且相对分散的机房，也适用于无法设置气体钢瓶间的改造机房。所谓防护区，是指满足全淹没灭火系统要求的有限封闭空间。喷放灭火剂前，防护区内除泄压口外的开口应能自行关闭。采用管网灭火系统时，一个防护区的面积不宜大于 800 m^2，容积不宜大于 3600 m^3；采用预制灭火系统时，一个防护区的面积不宜大于 500 m^2，容积不宜大于 1600 m^3。

2. 灭火剂的选择要求

通信机房使用的灭火剂应满足以下要求：

(1) 灭火效率高，灭火剂用量少，便于减少自动灭火系统容器的数量。

(2) 灭火剂毒性要小。

(3) 灭火剂应具有良好的化学稳定性。

(4) 灭火剂热稳定性要好，不应在高温环境下分解。

管网灭火系统常用的灭火剂有烟烙尽、七氟丙烷、三氟丙烷、二氧化碳等；预制灭火系统常用的灭火剂有七氟丙烷、三氟丙烷、二氧化碳、热气溶胶等。

3. 常见气体灭火系统优缺点对比

1) 二氧化碳灭火系统

二氧化碳作为灭火剂，最适合扑救电器及电子设备发生的火灾。二氧化碳容易液化，易于罐装、存储，价格便宜，灭火时，对保护区内设备不产生腐蚀和破坏，不污染环境。不足之处在于对存储环境的温度要求严格，温度升高容易导致钢瓶爆炸。灭火系统灭火时，气体浓度高，灭火效率低，且易使人窒息危及生命安全，因此在新建通信机房灭火系统时不推荐使用。

2) 七氟丙烷灭火系统

采用七氟丙烷作为灭火剂，具有灭火效率高、灭火速度快、灭火剂用量少、经济实惠的优点，但七氟丙烷在火场的高温下，会产生大量氟化氢气体，与气态水结合，形成氢氟酸，具有强烈的腐蚀性，所以在有人场所、精密仪器场所使用时需要格外小心。七氟丙烷可以在输送距离 30~45 m 的通信机房灭火系统中采用。

3) 三氟甲烷灭火系统

采用三氟甲烷作为灭火剂，其优点是沸点低(与前两种灭火剂相比)，对装置的存储间要求不高，毒性低，灭火速度快。较七氟丙烷而言，三氟甲烷腐蚀性小，制作工艺简单，价格便宜；其缺点是输送距离受限制，不宜大于 60 m。

4) 烟烙尽灭火系统

烟烙尽气体是由氮气、氩气和二氧化碳气体混合而成的一种惰性气体灭火剂，其成分完全由大气中自然存在的气体组成，因此不会破坏臭氧层，是一种绿色洁净的气体灭火剂。与其他灭火药剂不同的是，烟烙尽在喷放时不产生雾，便于人们清楚地看到紧急出口逃生，而且由于在燃烧过程中基本不分解，所以不会产生有毒或有腐蚀性的分解物，对人体基本无害。此外，烟烙尽灭火系统还具有灭火速度快，输送距离远的优点，但由于它是以高压气体方式存储，需要高压存储容器。如果充气含水分或钢瓶不合格会发生爆炸，而且在几种灭火系统中，烟烙尽造价最高，因此在目前还不具备完全推广的条件。

三、火灾自动报警系统的设计

1. 火灾自动报警系统设置要求

火灾自动报警系统由火灾探测器和火灾报警主机组成。采用管网式洁净气体灭火系统的主机房，应同时设置两组独立的火灾探测器，且与灭火系统联动。灭火系统控制器应在灭火设备动作之前，联动控制关闭机房内的风门、风阀，停止空调机、排风机，切断非消防电源。机房内应设置警笛，机房门口上方应设置灭火显示灯，灭火系统的控制箱(柜)应放置在机房外便于操作的地方，并应有保护装置防止误操作。

2. 火灾探测器的选择与布放

火灾探测器的主要作用是监视环境有无火灾发生，如一旦出现火情，会立刻动作，向火灾报警主机发送报警信号。

目前机房消防设计中，主要在吊顶内和吊顶下采用点型定温探测器和点型烟感探测器，地板内一般布置缆式线性定温探测器。随着机房内的设备与线路的增多，情况也越来越复杂，探测器安装数量有限，探测点稀疏，导致探测速度慢。理想的方法是：地板下探测烟雾采用主动吸气式感烟探测装置，并对通风口做重要监视；吊顶内和吊顶下采用吸气式烟感探测装置，或者直接将吸气管深入到机柜内进行探测，从而达到更快的探测速度。对于温度探测，在吊顶内和吊顶下安装点型定温探测器，在机柜内安装差定温缆式感温探测器，此方法确认火灾速度最快，但实施起来造价高。

3. 气体灭火系统控制方式

气体灭火系统控制方式主要有自动控制、手动控制和机械应急操作三种方式。

1) 自动控制

每个保护区的探测器被分成两个独立的报警组合。当发生火灾时，其中任一组控制探测器报警后，火灾报警控制器上出现报警信号，鸣响保护区的警铃，通知人员撤离，同时停止保护区的通风设备等。当另一组探测器也报警时，气体灭火控制盘控制报警器发出声光报警信号，所有人员不得进入保护区，30 s 延时后，启动气体钢瓶组上对应保护区域的区域选择阀，气体沿管道和喷头输送到对应的保护区域灭火，同时点亮保护区的气体释放灯，所有人员不得进入保护区域，直至确认火灾被扑灭。

2) 手动控制

将灭火控制盘上的控制方式打到"手动"位置，可以通过手动启动或手动停止按钮来完成手动控制灭火。

3) 机械应急操作

当自动控制或手动控制方式失效时，可以采用机械应急操作。它属于全机械方式操作，不需要任何电源，通过设在气体钢瓶上的机械式手动启动器或区域选择阀上的机械手动启动器来开启整个气体灭火系统。

四、消防工程注意事项

(1) 机房气体灭火系统一般要与大楼的总火灾报警系统(中控)进行通信，气体灭火系统控制器应向中控提供火警、喷放、故障 3 种信号。

(2) 在气体灭火系统中会遇到一个保护区有两个或两个以上的出口，通常手动启动或停止按钮设置在出口处。为了防止设置在不同出口处的手动启动按钮会出现对火灾判断上的时间差，而延误灭火时机，要求对灭火区域的手动启动停止按钮的布置强调唯一性，即只在一个出口处设置。

(3) 为了保证让机房内、外的工作人员能同时在第一时间发现火灾，需要在机房内、外同时安装警铃和声光报警器。机房采用气体灭火系统时，需要在机房门外设置放气指示灯。

(4) 通信建筑内的电缆井、管道井应在每层楼板处采用耐火极限不低于楼板耐火极限的不燃烧体或防水封堵材料封堵。通过楼板的孔洞，电缆与楼板间的孔隙应采用不燃烧的材料密封。

小 试 牛 刀

一、简答题

1. 简述通信局房装修工艺要求。

2. 通信局房装修一般包括哪几个部分，分别是什么？

3. 通信局房火灾事故的原因主要有哪些？

二、多项选择题

1. 设备机房和配套机房内照明方式主要包括(　　　)。

A. 一般照明　　　　B. 混合照明　　　　C. 事故照明　　　　D. 应急照明

2. 设备机房和配套机房内关于灯具安装说法正确的有(　　　)。

A. 设备机房和配套机房的灯具多采用吸顶式或吊挂式安装

B. 为保证机房走线规范，整齐一致，设备机房中的照明线路应同机房设备线路一起从
走线架上走线

C. 机房内的照明控制开关应设在机房入口处

D. 通信机房内安装照明灯具时，灯具应安装在机架的正上方

3. 常用的消防灭火系统有(　　　)。

A. 烟烙尽　　　　B. 二氧化碳　　　　C. 三氟甲烷　　　　D. 七氟丙烷

4. 气体灭火系统控制方式主要有(　　　)。

A. 自动控制　　　　　　　　　　　B. 手动控制

C. 智能化控制　　　　　　　　　　D. 机械应急操作

5. 机房吊顶材料的选择应满足(　　　)。

A. 吸音　　　　　B. 防火　　　　　C. 防尘　　　　　D. 防潮

E. 防电磁干扰

6. 机房敷设防静电地板的主要作用有(　　　)。

A. 在地板下形成隐蔽空间，用来敷设电源线管、综合布线等

B. 可以在活动地板下形成空调送风静压箱

C. 具有抗静电功能，从而为机房内的运行设备提供了安全保障

D. 可以提高工作人员在机房内行走的舒适度

三、单项选择题

1. 机房地面采用敷设防静电地板时，当地板下空间只作为电缆布线使用时，地板高度
不宜小于(　　　)。

A. 200 mm　　　　B. 250 mm　　　　C. 300 mm　　　　D. 400 mm

2. 通信机房的房间门的尺寸应满足设备和材料运输的需要，门洞宽度不宜小于_____，
门洞高度不应小于_____。本题应选(　　　)。

A. 1.5 m, 2.3 m　　　　　　　　　B. 1.3 m, 2.5 m

C. 1.0 m, 2.0 m　　　　　　　　　D. 1.2 m, 2.5 m

3. 通信局房的电源插座安装距地面高度应为(　　　)。

A. 0.3 m　　　　B. 0.5 m　　　　C. 1 m　　　　D. 1.4 m

4. 照明设计计算点的垂直面照度的参考高度为距地面(　　　)的垂直工作面。

A. 0.8 m　　　　B. 1.2 m　　　　C. 1.4 m　　　　D. 2.0 m

四、判断题

1. 当机房空间过大时，不便维护管理，可采用隔断将较大空间划分为不同的机房或功
能分区。　　　　　　　　　　　　　　　　　　　　　　　　　　　　　　　　(　　　)

2. 机房主入口需设置钢制防盗门且装有门禁管理系统，门向机房内部方向开启。(　　　)

3. 通常机房内需要设置窗户，在室外温度不是很高的时候，可以选择开窗通风，这样既可以降低空调能耗，同时又可以防止机房内设备运行带来的温度升高。（　　）

4. 目前国内绝大多数通信机房采用的是气体灭火系统。（　　）

5. 通信机房内应设置警笛，机房门口上方应设置灭火显示灯，灭火系统的控制箱(柜)应设置在机房外便于操作的位置，且应有保护装置防止误操作。（　　）

6. 为了保证让机房内、外的工作人员能同时在第一时间发现火灾，需要在机房内、外同时安装警铃和声光报警器。（　　）

能 力 拓 展

新建数据中心机房工艺设计

在项目 1 的能力拓展训练中，我们已经完成了新建数据中心的规划，根据本项目所学内容，对已经规划好的数据中心进行工艺设计，具体步骤如下：

(1) 对该数据中心进行装修工艺设计，提出装修方案，对机房的六面(吊顶、墙、地面)、插座等的选材、施工工艺做详细说明。

(2) 完成数据中心主机房的照明工艺设计，合理选择照明灯具，根据机房设备的摆放位置，确定照明灯具的安装方式及位置，确保机房照度符合规范要求。

(3) 完成数据中心的消防工艺设计，选择合适的消防灭火系统，根据机房的具体情况，提出消防工程设计方案以及制定安全消防日常维护规章制度。

模块二

通信局房电源系统

【模块描述】···▼

    通信局房电源系统是通信建设工程中不可或缺的一个组成部分。无论是在中心机房、汇聚机房或者普通基站，都离不开通信局房电源系统。其主要包含交流供电系统和直流供电系统，分别为机房内主要通信设备和其他配套设施供电。本模块首先通过机房勘察来介绍机房中各类电源系统模块，并介绍电源系统的整体规划设计，接着将整个电源系统分为交流系统、直流系统和电力导线的选型这三个部分进行介绍。

学习导图

```
                                         ┌─────────────────────────────┐
                              ┌──────────┤ 任务2.1.1  通信电源系统整体认识 │
                              │          └─────────────────────────────┘
         ┌──────────────────┐ │          ┌─────────────────────────────┐
         │ 项目2.1  通信局房电源系统勘 ├─┼──────────┤ 任务2.1.2  通信局房电源系统勘察 │
         │       察设计介绍    │ │          └─────────────────────────────┘
         └──────────────────┘ │          ┌───────────────────────────────┐
                              └──────────┤ 任务2.1.3  通信局房电源系统整体规划设计 │
                                         └───────────────────────────────┘

                                         ┌─────────────────────────────┐
                              ┌──────────┤ 任务2.2.1  交流供电系统整体规划 │
                              │          └─────────────────────────────┘
                              │          ┌─────────────────────────────┐
                              ├──────────┤ 任务2.2.2  低压配电屏的容量估算与选择 │
                              │          └─────────────────────────────┘
         ┌──────────────────┐ │          ┌──────────────────────────────┐
         │ 项目2.2  交流供电系统设计与 ├─┼──────────┤ 任务2.2.3  油机发电机组的容量估算与选择 │
         │       维护         │ │          └──────────────────────────────┘
         └──────────────────┘ │          ┌─────────────────────────────┐
                              ├──────────┤ 任务2.2.4  UPS的容量估算与选择 │
                              │          └─────────────────────────────┘
                              │          ┌─────────────────────────────┐
                              └──────────┤ 任务2.2.5  低压交流供电设备的维护 │
                                         └─────────────────────────────┘

┌──────────────────┐
│ 模块二  通信局房电源系统 │
└──────────────────┘                     ┌─────────────────────────────┐
                              ┌──────────┤ 任务2.3.1  直流供电系统整体规划 │
                              │          └─────────────────────────────┘
                              │          ┌──────────────────────────────┐
         ┌──────────────────┐ ├──────────┤ 任务2.3.2  高频开关电源的容量估算与选择 │
         │ 项目2.3  直流供电系统设计与 ├─┤          └──────────────────────────────┘
         │       维护         │ │          ┌─────────────────────────────┐
         └──────────────────┘ ├──────────┤ 任务2.3.3  蓄电池的容量估算与选择 │
                              │          └─────────────────────────────┘
                              │          ┌─────────────────────────────┐
                              └──────────┤ 任务2.3.4  直流供电设备的维护 │
                                         └─────────────────────────────┘

                                         ┌─────────────────────────────┐
                              ┌──────────┤ 任务2.4.1  电力导线的认识 │
                              │          └─────────────────────────────┘
                              │          ┌──────────────────────────────┐
         ┌──────────────────┐ ├──────────┤ 任务2.4.2  交流电力导线的截面积计算 │
         │ 项目2.4  电力导线的选择 ├─┤          └──────────────────────────────┘
         └──────────────────┘ │          ┌──────────────────────────────┐
                              ├──────────┤ 任务2.4.3  直流电力导线的截面积计算 │
                              │          └──────────────────────────────┘
                              │          ┌─────────────────────────────┐
                              └──────────┤ 任务2.4.4  机房内电力导线的布放 │
                                         └─────────────────────────────┘
```

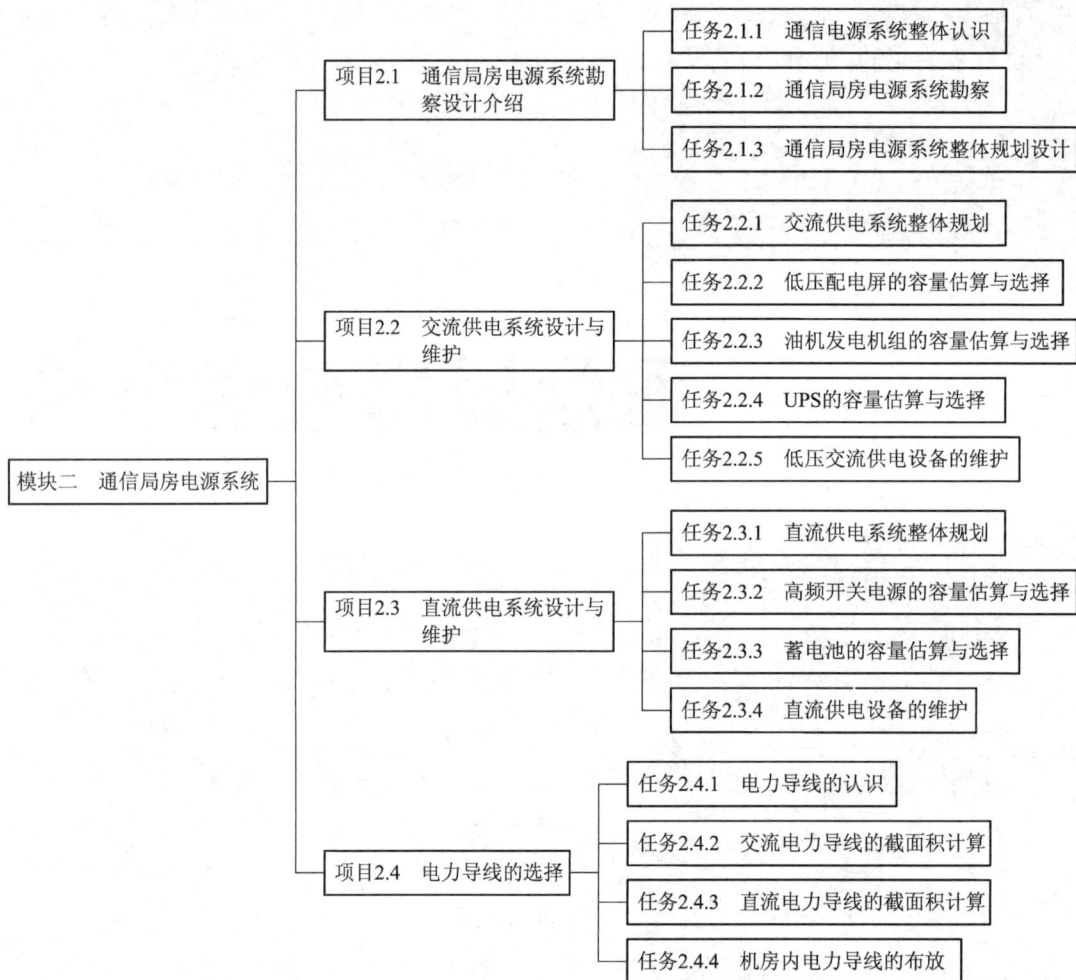

岗位能力分析

➢ **必备知识**

- 掌握通信局房电源系统的构成；
- 熟悉通信局房的供电方式和适用范围；
- 了解局房电源系统勘察的具体方法；
- 掌握交直流供电系统的组成与主要设备的工作原理和作用。

➢ **必会技能**

- 能够对局房交直流系统中主要设备的容量进行估算与选型；
- 能够正确计算电力导线的截面积并作出合理选型；
- 能独自完成通信局房电源系统的勘察；
- 能完成通信局房电源系统的整体规划设计。

项目 2.1
通信局房电源系统勘察设计介绍

▼

学习情境导入

　　通信局房电源系统是向通信设备提供直流电或交流电的电源系统，是任何通信系统赖以正常运行的重要组成部分。通信质量的高低，不仅取决于通信系统中各种通信设备的性能和质量，而且与通信机房电源系统供电的质量密切相关。如果通信局房电源系统供电质量不符合相关技术指标的要求，将会引起电话串音、杂音增大，通信质量下降，误码率增加，造成通信的延误或差错。一旦通信局房电源系统发生故障而中断供电，就会使通信中断，甚至使整个通信机房陷于瘫痪，从而造成严重的损失。可以说，通信局房电源系统是通信系统的"心脏"，它在通信网上处于极为重要的位置。

　　随着通信网的快速发展，通信电源专业得到了长足的进步，也发生了革命性的跃变，这体现在标准的制定、供电系统可用性的提升、供电方式的完善、技术装备水平的提高、维护方式的变革、集中监控管理的实施等诸多方面。

任务分析

　　通信局房电源系统是对机房内各种通信设备及建筑负荷等提供用电的设备和系统的总称。该系统由交流供电系统、直流供电系统和相应的接地与防雷系统、监控系统组成。

　　为了保证稳定、可靠、安全供电，根据不同的应用要求，通信局房电源可以采用不同的供电体制。由市电电源和备用发电机组组成的交流供电系统一般采用集中供电，由整流器和蓄电池组成的直流供电系统、UPS 供电系统可以采用集中供电或分散供电。

　　通信局房电源系统必须保证稳定、可靠和安全供电。集中供电、分散供电、混合供电为三种比较典型的系统组成方式，此外还有一体化供电方式。

　　每一种电源系统组成方式所应用的实际场景并不相同，为了日后的勘察设计需要，我们首先要对通信电源系统有一个整体的认识，知道每种场景所对应的电源系统组成方式分别是什么，这样才能够在具体的电源勘察与设计中少走弯路，更快、更迅速地完成设计任务。

任务 2.1.1 通信电源系统整体认识

⚙ **任务实施**

通信局房电源
系统概述

一、集中供电方式电源系统

集中供电方式电源系统(简称集中供电系统)是指在通信局房内设置一个总的交、直流供电系统，集中向各机房或者机房内的各列设备进行供电。其组成方框示意图如图 2-1 所示。

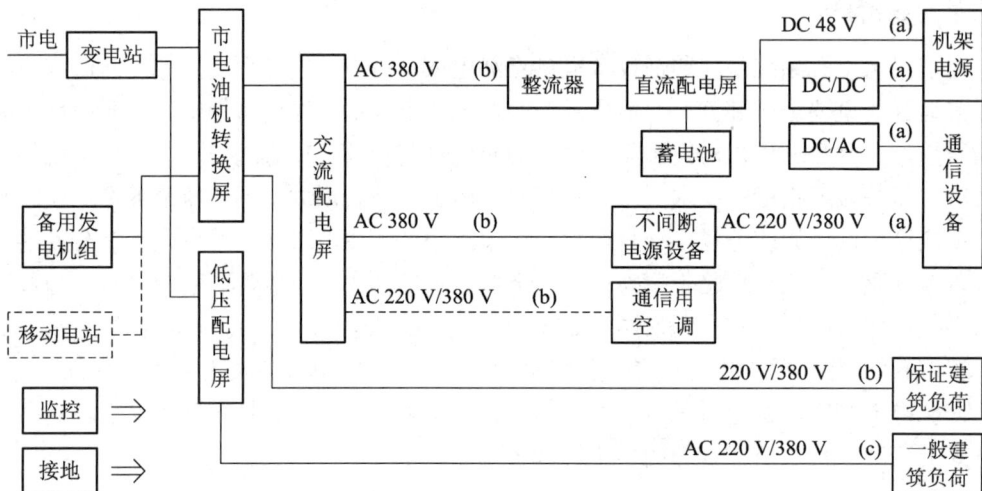

(a)—不间断；(b)—可短时间中断；(c)—允许中断。

图 2-1 集中供电方式电源系统组成方框示意图

由图 2-1 可见，集中供电系统是指将所有不可间断的通信负载共同归于同一个直流配电屏进行维护管理。这类供电方式一般用于设备摆放较为集中、紧凑的中小型机房，如传输机房或 4G、5G 宏基站等。

下面以集中供电方式为例，初步介绍通信机房电源系统的各个组成部分。

1. 交流供电系统

通信机房的交流供电系统由主用交流电源(市电)、变配电系统(包括高压配电设备及其操作电源、降压电力变压器、低压配电设备)、备用电源系统(包括备用油机发电机组及附属设备、移动电站)、交流不间断电源系统(包括 UPS 主机、相应的蓄电池组、输入/输出配电柜)以及相关的配电线路组成。

交流供电系统可以有三种交流电源：变电站供给的市电、油机发电机供给的自备交流电、UPS 供给的后备交流电。

1) 主用交流电源

主用交流电源为市电，主要从 10 kV 高压电网引入。重要通信枢纽局由两个变电站引入两路 10 kV 高压市电，并由专线引入，一路主用，一路备用；其他通信机房一般引入一路 10 kV 高压市电。用电量小的通信机房可直接引入 220 V/380 V 低压市电。

2) 变配电系统

变配电系统是由高压配电装置和降压电力变压器(又称配电变压器)组成通信机房的专用变电站。根据通信机房建设规模及用电负荷的不同，专用变电站可分为室外小型专用变电站和室内专用变电站。

室外小型专用变电站将变压器安装在室外，变压器高压侧常用高压熔断器式跌落开关(跌落式熔断器)进行操作。

室内专用变电站将变压器安装在室内。当变压器容量不大于 315 kV·A 时，一般不设高压开关柜，变压器高压侧常用高压负荷开关进行操作；变压器容量在 630 kV·A 以上以及有两路高压市电引入时，应配置适当的高压开关柜。

高压开关柜引入 10 kV 高压市电，输送给降压电力变压器。它能保护本局的设备和配电线路，同时能防止本局的故障波及外线设备，还具有操作控制及监测电压、电流等性能。

高压开关柜内装设高压开关电器、高压熔断器、高压仪用互感器、避雷器、继电保护装置以及电磁和手动操作机构。

降压电力变压器把三相 10 kV 高压变成 220 V/380 V 低压(相电压为 220 V、线电压为 380 V)，用三相五线制配线方式输送给低压配电设备，为整个通信机房提供低压交流电。一般采用油浸式变压器，如果在主楼内安装，则应选用干式变压器。

低压配电设备进行低压供电的分配、通断控制、监测、告警和保护。低压配电设备包括市电油机转换屏(用于由市电供电或备用发电机组供电的自动或手动切换)、电容补偿柜(其作用是自动补偿功率因数，使通信机房的功率因数保持在 0.90 以上)。

3) 备用电源系统

通信机房一般应配置备用发电机组。备用发电机组或移动电站用于在市电停电后供给 220 V/380 V 交流电。

备用发电机组主要采用柴油发电机组。不少通信机房采用了可以无人值守的自动化柴油发电机组，当市电停电时能自动启动、自动加载，在市电恢复后能自动卸载停机。

需要注意的是，备用发电机组三相电压的相序必须与市电三相电压的相序一致。其零线和保护地线必须分别可靠连接。

现在通信机房装备了先进的交换、传输和监控设备，这些设备的正常运行十分依赖机房内的空调装置。所以通信网数字化、程控化后，通信机房电源系统确保交流供电显得非常重要，一旦市电停电，应在 15 min 内使备用发电机组启动运行，以保证通信用空调装置等的用电。

图 2-1 中的备用电源系统保证建筑负荷是指保证照明、消防电梯和消防水泵等的负荷，一般建筑负荷是指非通信用空调、一般照明、备用油机发电机组以及生活用电等的负荷。

4) 交流不间断电源系统(UPS)

卫星通信地球站的通信设备、数据通信机房服务器及其终端、网管监控服务器及其终端、计费系统服务器及其终端等，采用交流电源并要求交流电源不间断，为此应采用交流不间断电源系统(UPS)对其供电。

UPS 由整流器、蓄电池组、逆变器和转换开关等部分组成，其输入、输出均为交流电。

在通信机房电源系统中，通常采用双变换 UPS。正常情况下，不论市电是否停电，均由 UPS 中的逆变器输出稳定、纯净的正弦波交流电压(50 Hz 三相 380 V 或单相 220 V)供给负载，供电质量高。

2. 直流供电系统

国内外大部分通信设备(如程控交换机、光纤传输设备、移动通信设备和微波通信设备等)采用直流供电，它与交流供电相比，具有可靠性高、电压平稳和较容易实现不间断供电等优点。

通信机房的直流供电系统由高频开关电源系统(简称开关电源)、蓄电池组和相关的馈电线路组成。其中，高频开关电源系统是由交流配电屏(或交流配电单元)、整流器、直流配电屏(或直流配电单元)和监控器组成的成套设备。直流供电系统向各种通信设备、直流变换器(DC/DC)和逆变器(DC/AC)等提供直流不间断电源。

1) 交流配电屏

交流配电屏输入低压交流电，对高频开关整流器等进行供电分配、通断控制、检测、告警和保护。

在大容量的通信用高频开关电源系统中，交流配电屏是一个独立机柜。在容量相对较小的组合式高频开关电源设备中，可以没有单独的交流配电屏，但必须有交流配电单元。

2) 整流器

整流器将低压交流电变成所需的直流电，现在一般都采用高频开关整流器。高频开关整流器一般采用无工频变压器来进行整流，也采用功率因数校正电路和脉宽调制高频开关电源进行整流，具有小型、轻量、效率高、功率因数高、可靠性高、智能化程度较高、可以远程监控、无人或少人值守等优点，现已得到广泛应用。

通信用高频开关整流器为模块化结构。在一个高频开关电源系统中，通常是若干个高频开关整流器模块并联输出，输出电压自动稳定，各整流模块的输出电流自动均衡。

3) 蓄电池组

蓄电池是一种可以存储电能的化学电源。充电时，电能变成化学能存储于蓄电池中；放电时，化学能变为电能，向负载供电。充、放电过程是可逆的，可以反复循环许多次。

蓄电池可以分为酸性电解液(稀硫酸)的铅酸蓄电池和碱性电解液(氢氧化钾或氢氧化钠)的碱性蓄电池。

通信机房一般采用阀控式密封铅酸蓄电池。阀控式密封铅酸蓄电池在使用中无酸雾排出，不会污染环境和腐蚀设备，可以和通信设备安装在同一个机房，平时维护比较简便；蓄电池中无流动电解液，体积较小，可以立放或卧放工作；蓄电池组可以进行积木式安装，节省占用空间。因此它在通信机房中得到了广泛应用。

4) 直流配电屏

直流配电屏把整流器的输出端、蓄电池组和负载连接起来，构成全浮充工作方式的直流不间断电源供电系统，并对直流供电进行分配、通断控制、监测、告警和保护。

在大容量的通信用高频开关电源系统中，直流配电屏是一个独立机柜；在组合式高频开关电源设备中，可以没有单独的直流配电屏，但必有直流配电单元。机柜中应能接入两组蓄电池(两组电池并联)。

直流配电屏按照配电方式不同，分为低阻配电和高阻配电两种。大多数通信设备采用低阻配电，低阻配电屏的输出分路较少，每个输出分路的馈电线截面积应足够大，使输出馈线上的压降小于规定值。有的通信设备，如瑞典 AXE-10 型程控交换机，则要求采用高阻配电。高阻配电屏的输出分路较多，分别给交换机各机架馈电，各输出分路均引出正负馈线。其中每根负馈线都经熔断器引出，且为小截面高阻馈线，每根负馈线的电阻应不小于 $45\ \mathrm{m\Omega}$，负馈线的截面积为 $10\ \mathrm{mm}^2$，若馈线长度较短，则串入 $30\ \mathrm{m\Omega}$ 电阻片，正馈线电阻应小于 $1\ \mathrm{m\Omega}$，蓄电池内阻应小于 $4\sim5\ \mathrm{m\Omega}$。高阻配电的优点是：当某一机架发生短路时，由于高阻馈线电路的电阻为电池内阻的 10 倍左右，它限制了短路电流，因此可以大大减小其他机架供电电压的跌落。由于只有少数通信设备需要采用高阻配电，因此如未特别说明，通常直流配电均为低阻配电。

3. 接地系统

为了保证通信质量并确保人身安全与设备安全，通信机房电源的交流供电系统和直流供电系统都必须有良好的接地装置，使各种电气设备的零电位点与大地有良好的电气连接。

通信机房电源接地按照功能可分为工作接地(直流电源的正极或负极接地称为直流工作接地，交流电源中性线接地称为交流工作接地)、保护接地和防雷接地。

4. 防雷系统

通信机房的防雷系统由接闪器(避雷针等)、雷电流引下线、接地网、等电位连接器、各级浪涌保护器(SPD)等组成，用于防止雷电产生的危害。

5. 集中监控系统

在通信局(站)中，电源、空调和环境监控采用同一套集中监控系统，该系统由各种监控模块和数据采集设备、网络传输设备、监控终端等设备组成。

集中监控系统对各个独立的通信电源系统和系统内各个设备进行遥测、遥信、遥控，实时监视系统和设备的运行状态，记录和处理相关数据，及时侦测故障并通知维护人员处理，从而实现通信电源的少人或无人值守、集中维护管理。

二、分散供电方式电源系统

分散供电方式电源系统的组成示意图如图 2-2 所示。

分散供电方式实际上是指直流供电系统采用分散供电方式，而交流供电系统基本上仍然采用集中供电方式。同一通信局(站)原则上应设置一个总的交流供电系统，由此分别向各直流供电系统提供低压交流电。交流供电系统中仅交流配电屏与高频开关整流器等配套分散设置。

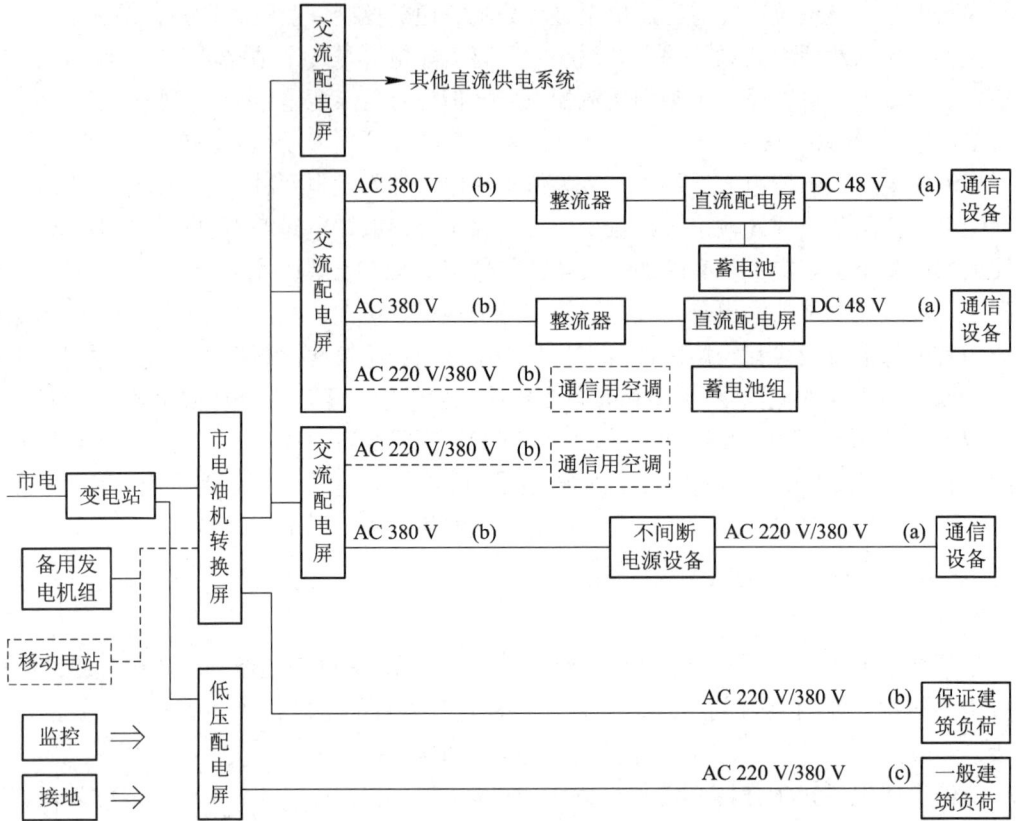

(a)—不间断；(b)—可短时间中断；(c)—允许中断。

图 2-2 分散供电方式电源系统组成示意图

各直流供电系统可分楼层设置，也可按通信设备系统设置，可单独设置在电力电池室中，也可与通信设备设置在同一机房中。

采用分散供电方式时，把通信大楼中的通信设备分为几部分，每一部分由容量适当的电源系统供电，多个电源系统同时出故障的概率小，即全局通信瘫痪的概率小，由此提高了供电的可靠性。此外，采用分散供电方式时，电源设备应靠近通信设备布置，从直流配电屏到通信设备的直流馈线长度缩短，故馈电线路电能损耗小、节能并可减少线料费用。所以，汇聚机房、核心机房等中大型机房都采用分散供电方式。

三、混合供电方式电源系统

当 220 V/380 V 低压市电稳定程度差时，可采用调压器或稳压器调压。

光缆中继站和微波无人值守中继站等，可采用交流电源和太阳电池方阵(或风力发电机)相结合的混合供电方式电源系统。该系统由太阳电池方阵及其控制器、低压市电、蓄电池组、整流和配电设备以及移动电站组成。

太阳电池与蓄电池组成的直流供电系统，一般是太阳电池方阵通过控制器(电压稳定装置)与蓄电池组并联浮充对负载供电，如图 2-3 所示。

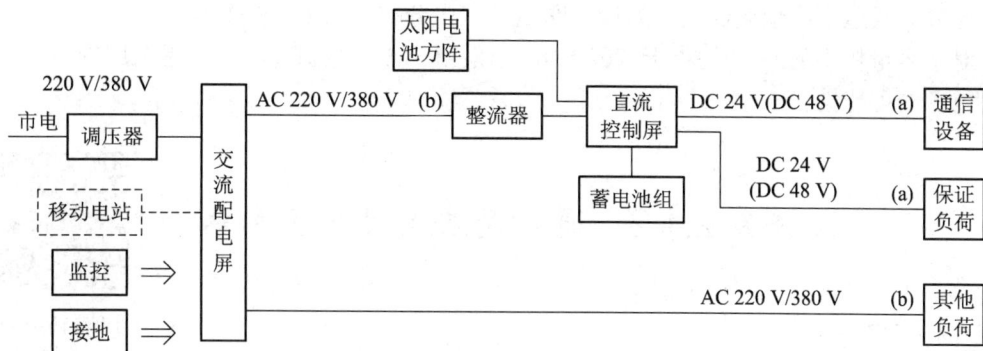

(a)—不间断；(b)—可短时间中断。

图 2-3　混合供电方式电源系统组成示意图

四、一体化供电方式电源系统

一体化供电方式即通信设备和电源设备组合在同一个机架内，由低压交流电源供电。通常通信设备位于机架的上部，电源设备装在机架的下部。

一体化组合电源系统包括两种类型：一体化 UPS 电源和一体化直流电源。

一体化 UPS 电源：交流配电、UPS 模块、蓄电池组和监控单元组合在同一个机架内，如图 2-4 所示。

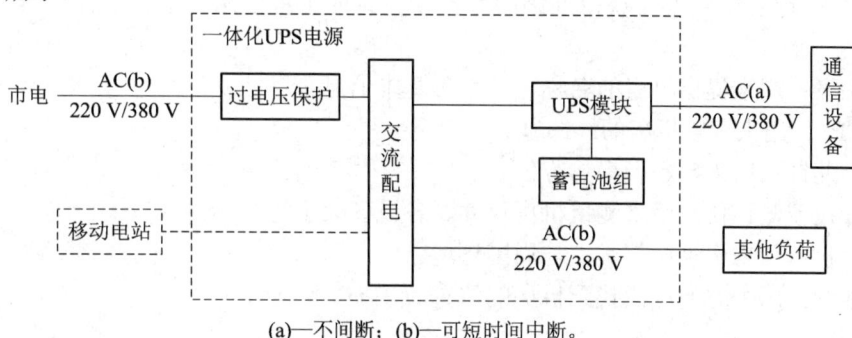

(a)—不间断；(b)—可短时间中断。

图 2-4　一体化 UPS 电源的组成示意图

一体化直流电源：交流配电、直流配电、整流、蓄电池组和监控单元组合在同一个机架内，如图 2-5 所示。

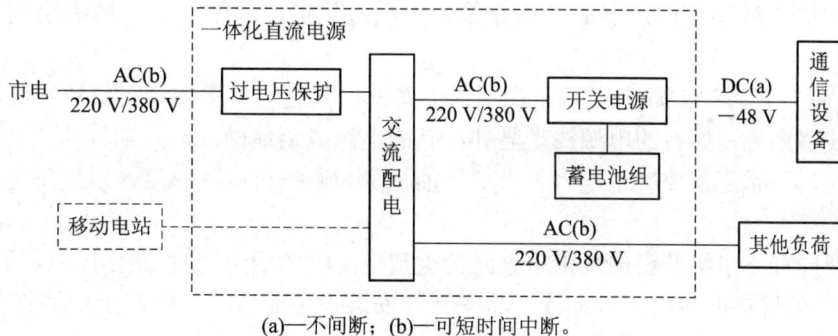

(a)—不间断；(b)—可短时间中断。

图 2-5　一体化直流电源的组成示意图

此种方式适合小型通信站，如接入网站、室内分布站、室外基站等。

对于容量极小的站(功耗小于 200 W)，当采用一体化电源时，可考虑采用锂电池作为备用电源的可能性。

任务 2.1.2　通信局房电源系统勘察

通信局房电源
系统勘察

任务实施

一、勘察前准备

在设计通信电源系统前，必须首先了解通信电源工程设计将要做什么(是搬迁、利旧还是新建局房的电源设备设计等，要求做到什么程度)，确定本次工程设计的分工界面(包括与外市电引入的分工，与建设专业设计的分工，与传输、交换、数据等专业的分工)，了解电源专业的电压系统组成、基本术语，明白各种图标和图例(对新设计的大型通信局房，原则上采用分散供电方式，而小型的如无人值守的用户终端设备机房，则可采用集中供电方式)；然后，需要进入工程现场对通信电源系统进行实地勘察，这项工作非常重要。为了能够更好地实施勘察，获得准确的数据和完备的工程信息，勘察前需要准备如下勘察工具：

(1) 站表：用来提供机房的名称、地址等基本信息。

(2) GPS：用来读取机房的经纬度。

(3) 指北针：用来判断机房的方位。

(4) 卷尺或测距仪：用来测量机房尺寸、各设备大小等。

(5) 相机：用来记录局部难点与周围环境。

(6) 地图：用来方便尽快找到机房的位置。

二、勘察已经投入使用的局房

在勘察开始前，应先根据地图和通信局房位置信息前往局房，并利用 GPS 和指北针记录判断机房的坐标和方位，然后利用相机记录周边建筑、道路信息，最后绘制机房位置草图。

到局(站)后，首先向局方了解市电引入的情况、各通信机房的相对位置和结构、楼间电源上下线路由等，如有的电源线走竖井，有的电源线走地槽，为后期具体的勘察工作作出相应准备，同时还需要确定电力主机房、油机房和通信机房的高度，以便确定上下线电源线缆的长度。

其次要向局方了解勘察现场供电系统的大致情况(照明用电、空调用电、通信设备用电等)、通信设备现在的负荷、近期或者将来计划安装设备的情况，估算出局房将来交/直流总负荷各是多少，统计并做详细记录。

然后进入各专业通信机房，以先电力电池室(通常在一楼)后专用机房的顺序进行勘察记录。

重点进行专业通信机房负荷及相关数据的调查，要求如下：

(1) 了解交流配电容量(A)、可用路数，直流配电容量(A)、可用路数，整流模块电流(A)、配置原则、电池的充电电流和负载电流、最大放置块数，现有电池容量(A·h)，并通过监控模块读取通信设备的功耗。

(2) 利用测距仪测量机房大小，画出机房的平面布置图，利用指北针确定机房的方位。

(3) 利用钢卷尺测量设备大小，画出局(站)内原有电源设备外形尺寸图(高×宽×深)，标明厂家名称、型号、规格、接线端子的位置、空闲保险(熔丝和空开)的数量及容量，具体端子图的细节需要手绘并拍照。

(4) 找到机房工作地排和保护地排的具体位置、各上下线孔/槽位置。

(5) 如果机房为租用机房，则要向局方了解机房的现承重数据，以便考虑设计中是否做承重处理。

(6) 通信机房勘察阶段一定要和机房内各专业的负责人了解各专业的详细情况。例如，哪些设备是双路输入的，哪些设备是单路输入的，做好记录。

(7) 了解中标电源设备厂家工程主要负责人的详细联系方式，以便将来向其了解电源设备的具体情况，如合同价格、技术参数和相应的设备数据等。

(8) 勘察完毕后向局方相关领导细致地汇报勘察情况并记录他们对工程的一些具体要求。

三、勘察未投入使用的小型通信机房

对于未投入使用的用户终端通信设备机房，在进行电源系统勘察时，需要考虑如下方面：

(1) 观察是否有合理的出局孔洞，或有合理的地方可供打孔，以方便市电引入。

(2) 观察市电从何处引入，是否已有管道或者杆路资源可提供信号线的接入，考虑在机房内部该处位置进行桥架规划。

(3) 观察何处可以设立，或者已经设立接地扁钢。根据机房大小考虑使用联合地排接地还是使用走线架汇流条接地。

(4) 根据局房所在楼栋的使用年限以及所处楼层预估机房的地面承重能力。对于承重能力较差的机房，应单独考虑蓄电池的安装位置。

(5) 观察室外是否有合理位置可安装空调室外机而不引发纠纷。

(6) 观察道路是否通畅，运送通信设备的大型车辆能否驶入。

下面对一个未投入使用的通信机房电源进行勘察。根据现场勘察情况，绘制的空机房平面勘察图如图 2-6 所示。

图 2-6 中，左侧圆孔为信号线引入点，右侧圆孔为市电引入点，在这两处应考虑水平走线架的安装，应该预规划交流配电设施就近安装于市电引入点旁；机房外有变电站，可直接引 380 V 三相交流电进入机房；五处白色方框为接地扁钢，在此处可以新建接地排，用于连接至联合接地体。

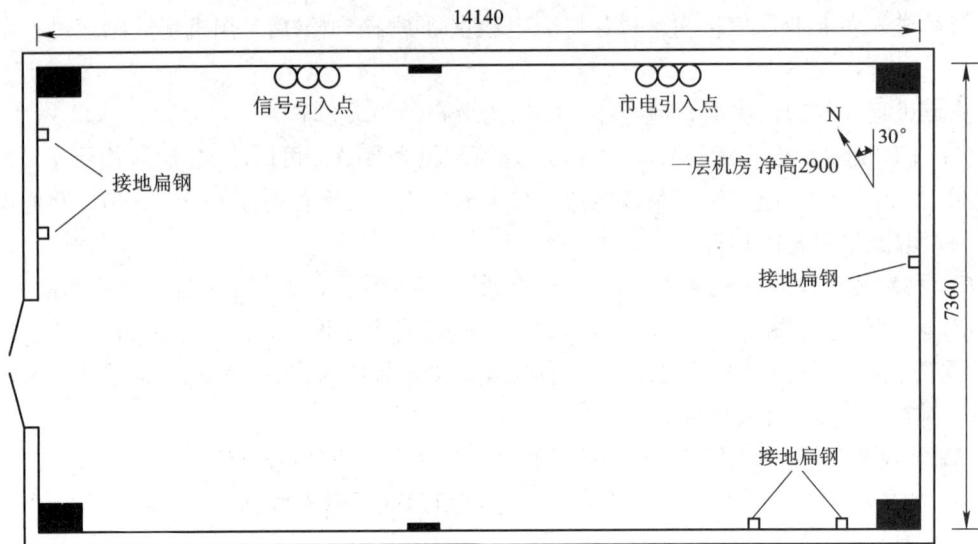

图 2-6　空机房平面勘察图

四、工程勘察注意事项

通信局站是安全重点，工作人员在进入局房进行工程勘察时一定要注意安全、规范操作，避免发生人身伤害及设备故障，以免造成严重的通信事故，具体需要注意以下几点：

(1) 最好由建设单位人员陪同了解情况。

(2) 在已有运行设备的机房内查勘时，应在相关区域内作业。不得触碰正在运行的设备，不得随意通、断电源开关。勘察时切勿私自动手操作。在确实有需要时，可要求建设单位人员代为操作。

(3) 在高处查勘时，应使用绝缘梯或高凳。严禁脚踩机架、走线架，严禁踩踏电缆。

(4) 查勘时，不得在走线架、设备、人字梯上放置查勘工具。

(5) 当在运行的设备上方查勘时，禁止人员身上携带钥匙、手表、戒指、项链、硬币等金属物品上架，防止金属落入机架内。

(6) 用金属尺子量尺寸时，严禁因使用金属尺子导致人触电或设备电源短路。

(7) 当必须打开带电设备门查勘时，一只手脱离机架门，不与接地体接触，另一只手单手进入机架操作，不可碰触设备内的带电部位。

(8) 需进地下室储油库查勘时，应用抽风机更换储油库空气后方可进入。室内严禁任何烟火。

任务2.1.3　通信局房电源系统整体规划设计

任务实施

一、通信电源工程设计

大型电源工程设计一般分为初步设计、技术设计、施工图设计和设计回访四个阶段。规模较小、技术成熟的小型局(站)或套用标准设计的工程,可直接进行施工图设计。施工图设计的主要步骤如图 2-7 所示。

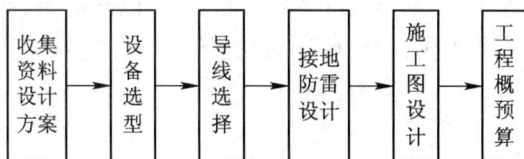

```
收集          设          导          接地          施工          工
资料    →    备    →    线    →    防雷    →    图    →    程概
设计          选          选          设计          设          预算
方案          型          择                        计
```

图 2-7　施工图设计的主要步骤

在进行通信电源工程设计时主要收集以下资料:

(1) 收集当地的温湿度、年降雨、地震、土壤电阻率及土壤、地表下管网分布情况,便于设计接地系统。

(2) 收集当地的市电供电情况、供电类别、供电电压等级、高压引入路由、变压器安装位置,以便设计交流供电系统,绘制交流供电系统图。注:交流高压供电系统部分也可交当地供电部门设计和施工。

(3) 收集通信设备的最大耗电电流、允许电压变化范围、初装容量、近(远)期发展规划,以便进行设备选型。

(4) 收集机房平面图,以便对所选设备进行机房平面布置,提出土建要求。

在进行施工图设计的过程中,应事先拟好设计方案,应选择技术先进、经济合理、少人或无人值守的方案。对于交流供电系统,优先选用市电电源。对于市电的引入,应尽可能向当地供电部门申请更高类别的供电方式或直接采用专线供电,同时配备自备电源。对于直流供电系统,根据通信局(站)的大小考虑集中供电、分散供电或混合供电方案。所选设备应性能优良,维护和使用方便,设备配置应合理,便于远期负荷改、扩建。

二、新建通信电源系统的容量

在新建通信局房中,确定电源系统容量是非常重要的一个环节,在整个规划设计中必不可少且难度较大。要想准确预测通信局房电源系统的容量,一是要明确通信局房的功用和设备性质,二是选择合适的用电容量预测方法。

1. 明确通信局房的功用和设备性质

通信局房电源系统的容量与局房内通信设备的空间布置、客户业务发展及通信局房的功用等多种因素有关,不同用途的通信局房其用电容量存在很大差异,如交换机房与数据中心机房的用电容量就明显不同。

2. 选择合适的用电容量预测方法

1) 通过单位机架功耗进行估算

对于有源的通信设备大体上可分为交换机架、普通数据机架、传输机架,单位机架功耗可分别按照 2 kW/架、2.5 kW/架、1 kW/架,各自乘以机架数量后,得到通信设备的总功耗。

2) 通过单位面积功耗进行估算

根据有源的通信设备在局房的安装位置大体上可分为交换区、普通数据区、传输区，其单位机架功耗可分别按照 $0.55\ kW/m^2$、$0.6\ kW/m^2$、$0.4\ kW/m^2$ 进行估算，然后将各区的功率密度乘以区域面积(该面积不仅包括机房内的所有面积，还包括走道和空调设备区)后，得到通信设备总功耗。

三、通信电源设备的配置要求

通信电源设备配置要求如下：

(1) 当市电发生异常情况时，为保证对通信负荷和重要动力负荷可靠供电，应配置备用发电机组作为备用电源。

(2) 当通信负荷要求不间断和无瞬变的交流供电时，宜采用 UPS 电源或逆变器电源。

(3) 对于要求无瞬间停电的直流供电，应设置蓄电池组；对于负荷小或电压低的，宜设置直流-直流变换器。

(4) 当市电电压超出设备允许的输入电压范围时，宜采用调压设备。

四、电源设备应满足的期限

1. 配电设备

(1) 当高压配电设备的远期负荷发展不大时应按远期负荷配置。

(2) 低压配电设备中配电柜的变压器输入总开关及母线应按本段低压母线的远期负荷配置；配电柜的数量可按满足近期负荷并考虑一定发展需要来配置，应考虑扩容的方便性。

(3) 当一个供电系统的远期发展负荷不大时，按远期负荷配置；当一个供电系统的远期发展负荷超出现有配电设备容量时，交流设备的容量按现有最大配电设备的容量配置。

(4) 一个系统的直流配电设备宜按远期负荷配置。

2. 换流设备

整流器、变换器、逆变器的容量应按近期负荷配置。交流不间断电源设备的容量应按近期负荷配置，远期负荷增加不大时可按远期配置。

3. 组合电源

组合电源的整流模块数可按近期负荷配置，但满架容量应考虑远期负荷发展，单独建立的移动通信基站组合电源应具备低压两级切断功能。

4. 蓄电池组

蓄电池组的容量应按近期负荷配置，依据蓄电池的寿命，适当考虑远期发展。

5. 调压设备

调压器或稳压器的容量应按近期负荷并考虑一定负荷的需要配置。稳压器的容量不宜超过 $200\ kV \cdot A$，当超过时可采用有载调压变压器。

五、供电系统的可靠度设计

供电系统按其对负荷供电的可靠性，由低至高可分为单电源单母线系统、双电源单母线系统和双电源双母线系统，如图 2-8 所示。所谓单母线，就是电源进线和所有出线都连接于同一组母线 WB 上，具有简单、经济、运行方便的优点，但供电的可靠性和灵活性不高。单电源单母线系统一般供三级负荷使用，双电源单母线系统可供二级负荷使用。对于特别重要的负荷，建议采用双电源双母线系统，两路电源在末端配电装置中自动转换。例如，通信局站大楼中的消防系统设备、通信局房中的保证照明设备等都属于特别重要的设备，应采用双电源双母线系统。

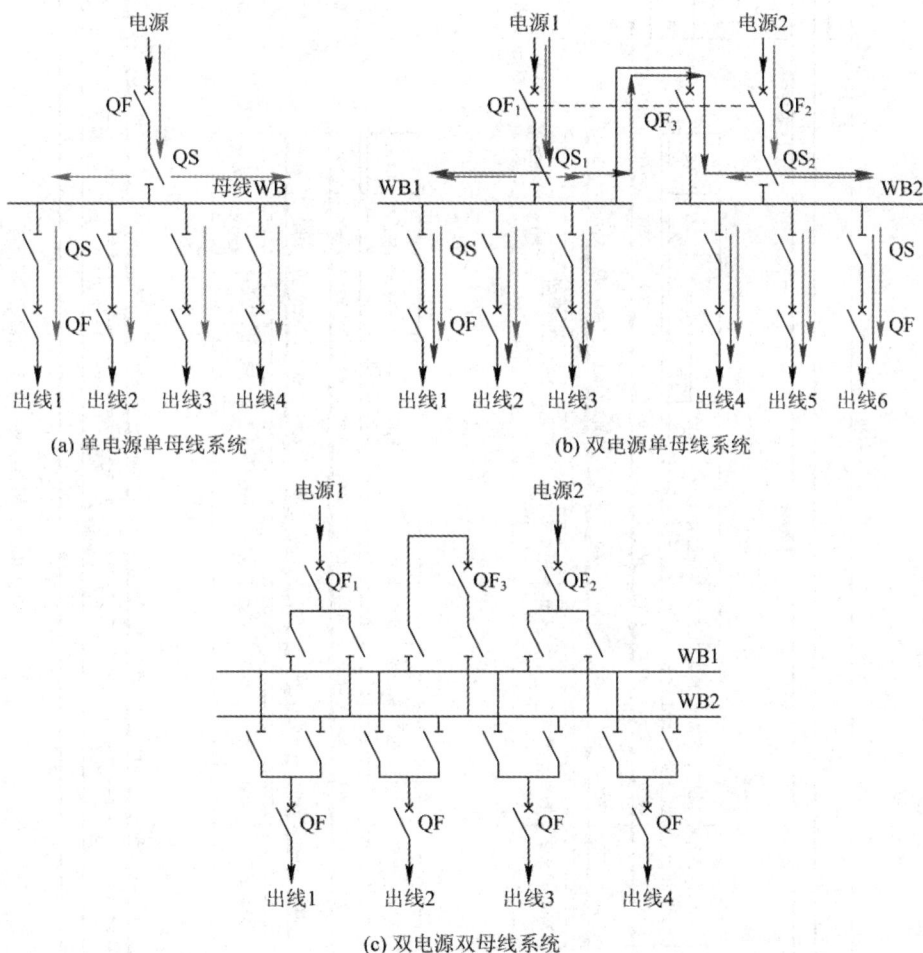

(a) 单电源单母线系统　　　　　(b) 双电源单母线系统

(c) 双电源双母线系统

图 2-8　供电系统电源与母线的接线方式

跟我学：

由图 2-6 可知，该机房未来将作为汇聚层的机房使用，安放交/直流数据机架共 54 架，机房设备平面布置如图 2-9 所示。现对该机房的内部电源系统进行规划设计，并根据设备及电源的摆放位置设计走线架。

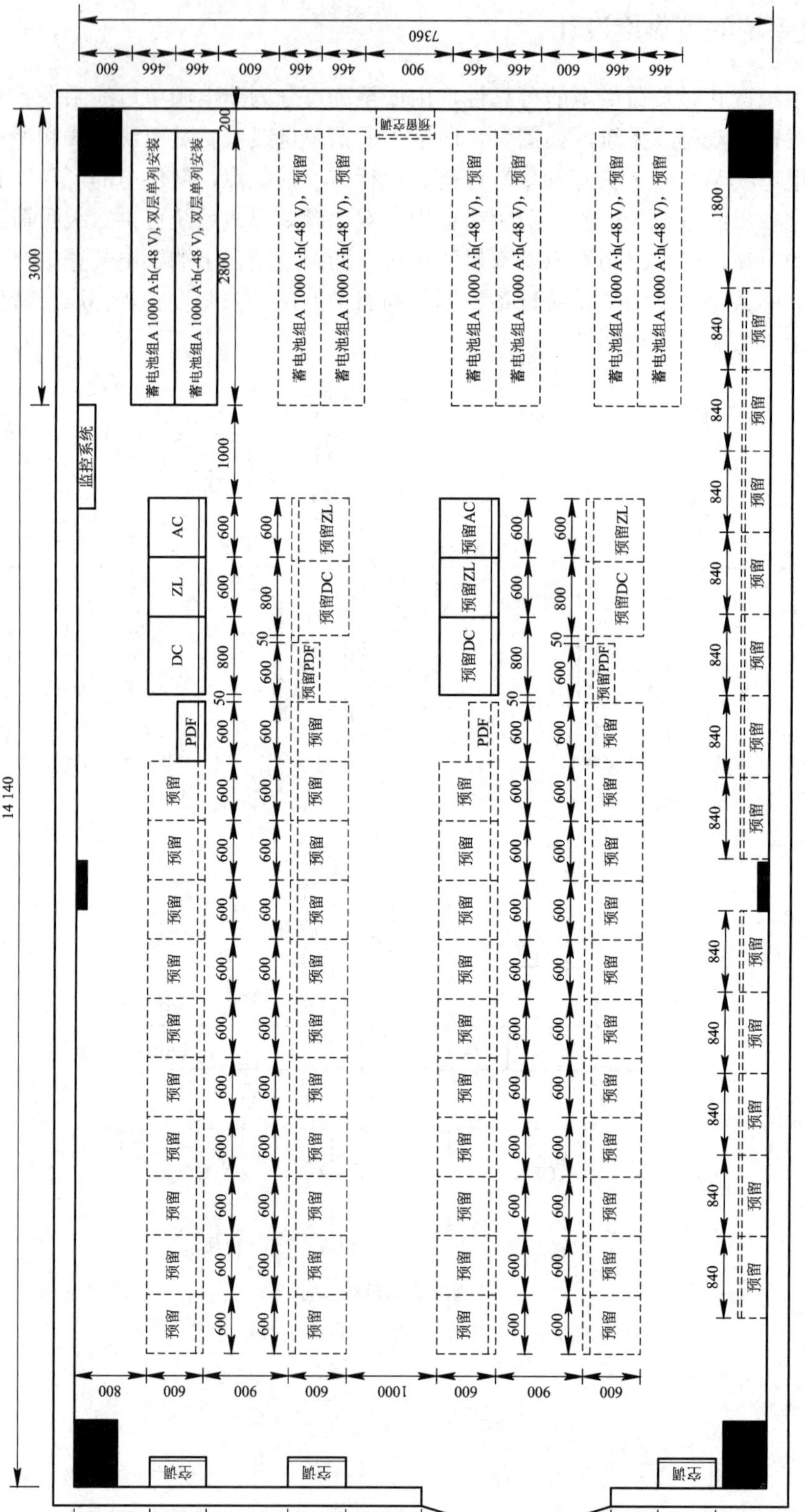

图 2-9 新机房的电源系统设备平面图

1. 机房内部电源系统设计

应根据机房的前期勘察情况并结合机房的规模和用途，从以下几方面对机房电源系统进行规划设计：

1) 供电系统的选用

该机房面积约 100 m²，属于中等大小的机房，预计未来可以安装 54 个通信设备机架，在此基础上，采用集中供电形式会使机房前期配电柜的容量需求增大，使得工程早期成本投入过高，因此机房采用分散供电系统进行供电。后期机房设备满载时，预计安装两个交流配电柜和四个直流配电柜。

2) 电源设备的选型

在主要供电设备中，主要有配电箱、配电屏或者配电柜，这三者的作用大体相当，但使用的机房空间环境则依次增大。

当通信负载有用电需求时，往往需要经过交流引入、交流分配、交直流转换、直流引出和直流分配五个过程。这五个过程都由独立的模块完成。在机房环境较小的时候，交流分配、交直流转换、直流引出通常处在一个配电屏中，下部为交流分配，中部为交直流转换，上部为直流引出。但当机房较大、通信负载较多时，这样的配电屏往往无法满足机房需求，因此需要将交流部分、交直流转换部分、直流引出部分和直流分配部分分割开来。

本次设计中，因为机房为中型机房，所以采用了专门的交流柜(AC)、整流柜(ZL)、直流柜(DC)和直流配电柜(PDF)。

3) 电源系统容量的预测

根据工程背景得知，本机房未来最多安放 54 个数据机架，其中 12 个交流数据机架，42 个直流数据机架。采用单位机架功耗估算法，按 2.5 kW/架进行估算，得到机房电源系统的容量如下：

直流：42×2.5 kW = 105 kW。

交流：12×2.5 kW = 30 kW。

合计：$105 + 30$ kW = 135 kW。

4) 机房的承重

从前期任务中可以得知机房内部的结构，该机房位于一层，属于新建机房，承重要求可以满足实际需要，因此安装设备时无须采取额外的承重措施。当机房为租赁机房、无法明确房间的承重能力时，需要针对蓄电池组采取承重措施，如单层摆放或借助墙体加固。与此同时，通信负载也需要间隔摆放，均匀分摊楼板的受力面积。

5) 交流负载问题

本次机房预留的设备位置大都需要直流通信负载或者无源设施。若后期需要大量的交流通信负载，如交换机、路由器、服务器等，则可以利用本次方案中水平第三列设施，将UPS系统和对应的蓄电池摆放在图 2-9 中预留规划位置即可。

6) 后备电源系统

油机发电机、移动电机以及相应的市电油机转换屏只会应用在大型核心机房(200 m²

及以上)中。这里为 100 m² 汇聚机房，不需考虑后备电源系统的问题，机房内部的蓄电池组可以满足日常断电时的使用需求。

2. 机房内部走线架设计

机房走线架的设计往往和机房高度、大小、用途有着紧密的关系，要确保规划好的各类缆线设施有明确的位置布放，且能够满足设备走线需要。

1) 走线架分期安装及一次性安装问题

由前期任务图 2-9 可知，机房中有着大量的预留设备，且该机房较大，那么为了保证资金的合理利用，是否应该将走线架分批次进行安装呢？

机房越大，预留设备位置的走线架其闲置时间就越长，对资金的有效利用越不好。但是对于中小型机房来说，整体机房的走线架其安装花费并不高，且机房内的空间并不大，后期再补走线架就有可能在安装时导致设备损坏。因此对于本次任务中涉及的中型汇聚机房而言，走线架需要一次性布放到位。

2) 接地问题

该机房为中型机房，面积较大，机房单边最长为 14 m，最短为 7 m，这就意味着布放接地缆线时，都需要沿着走线架布放至接地排，接地缆线有些长。与此同时，在机房中后期的使用中，可能会出现接地缆线已经将走线架塞满的情况，越靠近接地排，走线架上的接地缆线就会越多，以至于其他缆线无法布放。

因此在中型及大型机房中，采用接地汇流条进行接地缆线的安装。所谓接地汇流条，是指沿着走线架，在其某一侧安装接地铜牌，同时将该接地汇流条引接至接地扁钢中。因此本次任务的走线架设计中，水平方向的四排走线架全部安装接地汇流条，统一汇接至机房左侧墙体的接地扁钢上。

3) 强弱电缆线布放问题

在后期通信设备逐渐投入使用的过程中，走线架上的缆线会变得越来越密集。交流电源线和直流电源线本就不可以放在一处，此刻又有一根通信用的光电缆需要布放，这就使得走线架在使用上略显捉襟见肘。

为了解决这一问题，应设计走线架以及走线槽。其中，走线架用来走通信电源线，交流与直流线分两侧分开绑扎；走线槽用于布放光电缆。

在小型机房中，即便机房满载，也不会出现类似问题；但是在大型核心机房中，即便是同时建设走线架和走线槽也无法解决缆线难以布放的问题，这个时候就需要将走线架分列，建设成为双层走线架，一层走交流电源线，另一层走直流电源线，通信设备用的光缆或者电缆依旧走密封走线槽。

本次走线架设计方案如图 2-10 所示。

图 2-10 中，四角及中间部分的黑色块为机房承重立柱；▭▭▭为设备电源线、接地线所用桥架；▨▨▨为用来布放光纤的走线槽道；⊦为走线槽道的双通或者三通，用以连接水平走线槽道；▐为垂直走线架，用以提供低矮设备的缆线布放；⊶——▸为走线架旁的接地汇流条，用以提供设备就近接地；▨为用来支撑走线架的凹形钢。

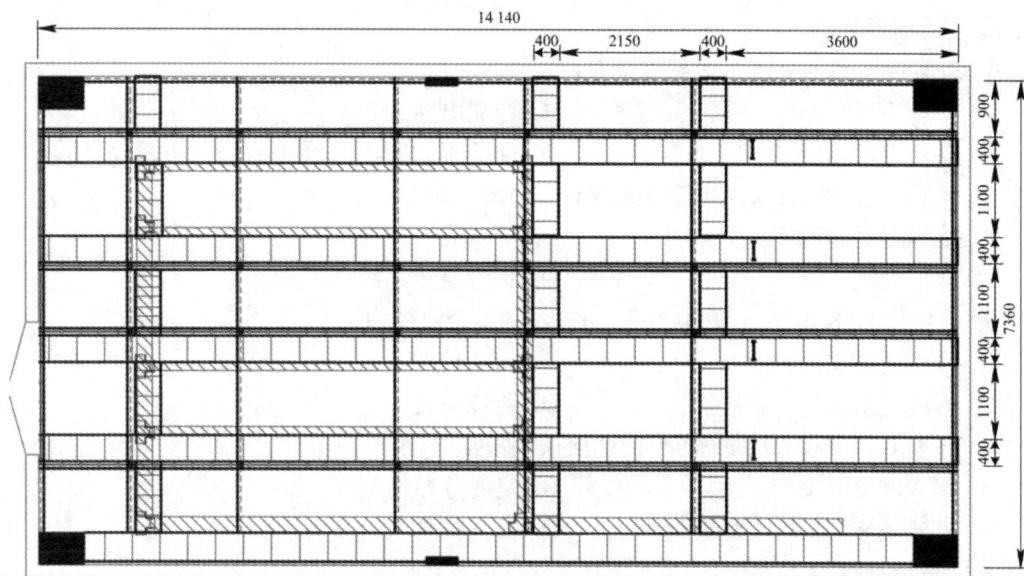

图 2-10　新机房电源系统走线架平面图

小 试 牛 刀

一、简答题

1. 通信机房电源系统有哪几种比较典型的组成方式？

2. 防雷系统由哪些设施组成？

3. 接地系统由哪几部分组成？

4. 勘察已经投入使用的机房，需要详细记录哪些信息？

5. 勘察未投入使用的机房，需要详细记录哪些信息？

6. 进行机房内部电源设计时应考虑哪些问题？

7. 进行机房内部走线架等配套设施设计时，应考虑哪些问题？

二、判断题

1. 集中供电方式电源系统是指在通信局房内设置一个总的交、直流供电系统，集中向各机房或者机房内的各列设备进行供电。　　　　　　　　　　　　　　　　（　　）

2. 一般建筑负荷允许短时间供电中断。　　　　　　　　　　　　　　　　　（　　）

3. 保证建筑负荷允许短时间供电中断。　　　　　　　　　　　　　　　　　（　　）

4. 集中供电方式一般适用于大中型核心机房或汇聚机房。　　　　　　　　　（　　）

5. 整流器的作用是将交流转变为直流。　　　　　　　　　　　　　　　　　（　　）

6. 逆变器的作用是将交流转变为直流。　　　　　　　　　　　　　　　　　（　　）

7. 直流变换器的作用是将直流转变成为交流，但是转变前后电压不相等。　　（　　）

8. 分散供电方式一般适用于中小型机房。　　　　　　　　　　　　　　　　（　　）

三、多项选择题

1. 以下设施属于交流供电系统的是(　　)。
A. 市电系统
B. 变配电系统
C. 备用电源系统
D. 交流不间断电源系统

2. 以下设施属于直流供电系统的是(　　)。
A. 高频开关电源系统
B. 蓄电池
C. 接地系统
D. 集中监控系统

3. 一体化 UPS 电源一般是指(　　)等在同一个机架内。
A. 交流配电单元
B. UPS 模块
C. 蓄电池组
D. 监控单元

4. 一体化直流电源系统适合的小型通信站为(　　)。
A. 接入网站
B. 室内分布站
C. 室外基站
D. 汇聚机房

四、单项选择题

1. 在三相五线制交流供电系统中，下列说法正确的是(　　)。
A. 相电压为 220 V，线电压为 380 V
B. 相电压为 380 V，线电压为 220 V
C. 相电压为 220 V，线电压为 220 V
D. 相电压为 380 V，线电压为 380 V

2. 分散供电系统一般是指后续设施在(　　)上进行分散的系统。
A. 市电油机转换屏
B. 交流配电屏
C. 低压配电屏
D. 直流配电屏

🌸 能 力 拓 展 🌸

小型机房电源系统设计

机房电源系统设计并无定式，通常需要根据实际情况进行考量。若机房为 5×5 的标准综合接入模块局机房，勘察图纸如图 2-11 所示，预计满配时为 8 个交换设备机架、2 个传输设备机架，交流设备均采用直流供电，根据本项目所学内容，尝试进行一次电源系统设计。具体任务如下：

(1) 根据机房满配时有源通信设备机架的数量，估算通信机房电源系统的容量。

(2) 选用合适的交流电流、直流电源，并在勘察图纸上确定出合适的摆放位置。

(3) 机房备用蓄电池按两组考虑，确定蓄电池的摆放位置。

(4) 在确定电源及设备机架的摆放位置后，确定走线架的设计位置以及采用单层还是双层走线架，并给出理由。

(5) 如果落地机柜的大小均为 600 mm × 600 mm × 2000 mm，蓄电池的大小均为 1100 mm ×

400 mm × 650 mm，走线架宽度均为 400 mm，试在图 2-11 中将设备机架、电源及走线架绘制在图纸中合适的位置。

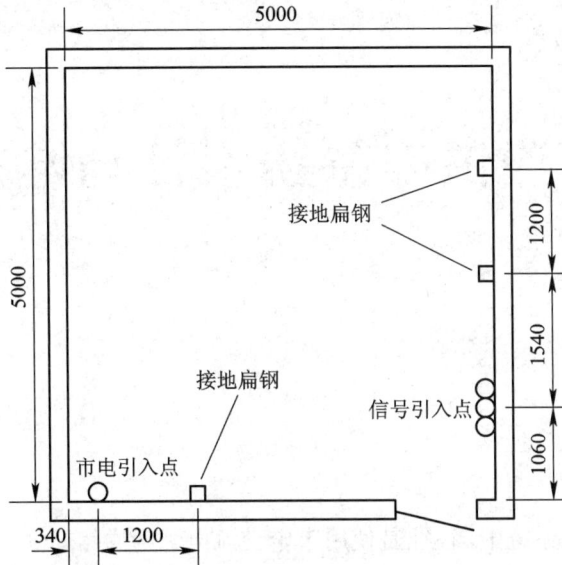

图 2-11　5 × 5 标准机房勘察平面图(单位：mm)

项目 2.2
交流供电系统设计与维护

▼

学习情境导入

通信局(站)的电源系统中，往往是使用市电交流电源为通信局(站)及通信设备提供初始能源的，通信设备所使用的直流能源是用交流能源经整流后提供的。因此，交流电源系统，也称为交流供电系统，是通信局(站)电源系统中极为重要的组成部分。依据我国通信行业标准 YD/T 1051 的规定，整个通信局(站)的交流电源系统则应包括：变配电系统；备用电源系统(即自备发电系统，又包括发电机组及附属设备)；不间断电源系统(即 UPS 系统，又包括 UPS、输入输出配电柜、蓄电池组)和通信设备用交流配电设备等。上述组成是从设备配置的角度考虑的交流系统的组成，外市电的引入，也应成为通信局(站)的交流电源系统的组成部分。

本项目中，将主要学习高、低压交流供电系统的运行与维护操作，内容包括维护基本要求、保证安全的措施、相关设备的维护与操作及常见故障处理等。

任务分析

通信局(站)的电源系统中，往往是使用市电交流电源为通信局(站)及通信设备提供初始能源的，通信设备所使用的直流能源是用交流能源经整流后提供的。因此，交流电源系统，也称为交流供电系统，是通信局(站)电源系统中极为重要的组成部分。

所有项目的任务要求注意以下问题：

(1) 了解高压交流供电系统的组成及常见高压变配电设备，了解低压交流供电系统的组成及常见低压配电设备。

(2) 熟悉变配电设备维护的基本要求。

(3) 掌握高低压配电设备维护的安全规定。

(4) 能够进行日常的变配电设备的维护。

任务 2.2.1 交流供电系统整体规划

任务实施

一、认识交流供电系统

通信局(站)的交流供电系统由主用交流电源(市电)、变配电系统(包括高压配电设备及其操作电源、降压电力变压器、低压配电设备)、备用电源系统(包括备用发电机组及附属设备、移动电站)、交流不间断电源系统(包括 UPS 主机、相应的蓄电池组、输入输出配电柜)以及相关的配电线路组成。

1. 主用交流电源

主用交流电源为市电,一般从 10 kV 高压电网引入。

市电的可靠性用市电不可用度来衡量。市电的不可用度是指统计期内市电停电时间与统计期时间的比,即

$$\text{电源系统不可用度} = \frac{\text{故障时间}}{\text{故障时间} + \text{正常供电时间}}$$

在我国通信行业标准 YD/T1051—2018《通信局(站)电源系统总技术要求》中,将市电供电方式分为一类、二类、三类和四类。

市电供电的可靠性指标如表 2-1 所示。

表 2-1 市电供电可靠性指标

分 类	条 件	平均年停电次数	平均停电时长
一类市电	两路稳定可靠的独立电源	≤0.74	≤3.37 h
二类市电	两路电源或一路稳定可靠的独立电源	≤1.12	≤4.29 h
三类市电	一路电源	≤3.03	≤12.7 h
四类市电	一路电源	有季节性长时间停电或无市电可用	

类别不同的供电方式涉及供电系统的可靠性,通信局(站)要与当地供电部门协商,引入适当类别的市电,一类局站原则上应采用一类市电引入;二类局站原则上考虑二类市电引入,具备外市电条件且投资增长不大时可考虑一类市电引入;三类局站,具备条件时引入二类市电,不具备条件时引入三类市电;四类局站,具备条件时引入三类市电,不具备条件时引入四类市电,可就近引入可靠的 220 V/380 V 低压市电。

2. 变配电系统

高压配电装置和降压电力变压器(又称配电变压器,简称变压器)组成通信局(站)的专用变电站,根据通信局(站)建设规模及用电负荷的不同,可分为室外小型专用变电站(见图2-12)和室内专用变电站。

图 2-12　专用变电站

高压开关柜引入 10 kV 高压市电,输送给降压电力变压器,如图 2-13 所示。它能保护本局的设备和配电线路,同时能防止本局的故障波及外线设备,还具有操作控制及监测电压、电流等性能。高压开关柜内装设高压开关电器、高压熔断器、高压仪用互感器、避雷器、继电保护装置以及电磁和手动操作机构。

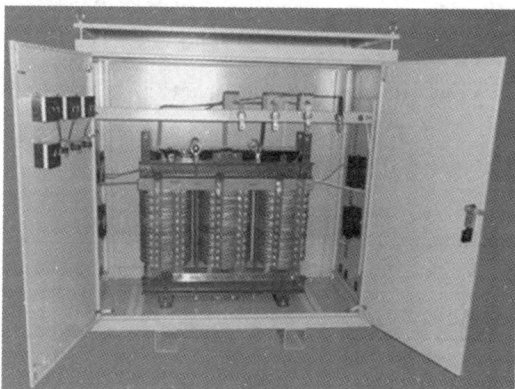

图 2-13　降压电力变压器

降压电力变压器把三相 10 kV 高压变成 220 V/380 V 低压,用三相五线制(TN-S 系统)配线方式输送给低压配电设备,为整个通信局(站)提供低压交流电。一般采用油浸式变压器,如在主楼内安装,则应选用干式变压器。

低压配电设备进行低压供电的分配、通断控制、监测、告警和保护。在整个低压配电设备中,包括市电油机转换屏,用于由市电供电或备用发电机组供电的自动或手动切换;还包括电容补偿柜,其作用是自动补偿功率因数,使通信局(站)的功率因数保持在 0.90 以上。

3. 备用电源系统

通信局(站)一般应配置备用发电机组(通常为低压机组),如图 2-14 所示。当市电停电时,用它供给 220 V/380 V 交流电,备用发电机组主要采用柴油发电机组。移动电站是移动式的备用发电机组,其使用起来机动灵活,用于应急供电。在一类市电或二类市电供电方式下，备用发电机组的容量应能同时满足通信负荷功率、蓄电池组的充电功率、机房空调功率以及其他保证建筑负荷功率；在三类市电供电方式下，机组容量还应包括满足部分生活用电；如属于四类市电供电方式，则机组容量应包括满足全部生活用电。大型互联网数据中心，备用发电机组优先选用 10 kV 高压发电机组。

图 2-14　备用发电机组

4. 交流不间断电源系统(UPS)

卫星通信地球站的通信设备、数据通信机房服务器及其终端、网管监控服务器及其终端、计费系统服务器及其终端等，采用交流电源并要求交流电源不间断，为此应采用交流不间断电源系统(UPS)及其相应的输入、输出配电柜对其供电，UPS 整体外观如图 2-15 所示。

图 2-15　UPS 整体外观

UPS 由整流器、蓄电池组、逆变器和转换开关等部分组成，其输入、输出均为交流电。在通信电源系统中通常采用双变换 UPS，正常情况下，不论市电是否停电，均由 UPS 中的逆变器输出稳定、纯净的正弦波交流电压(50 Hz 三相 380 V 或单相 220 V)供给负载，供电质量高。

二、交流供电系统规划设计

1. 规划设计应遵循的原则

通信局(站)交流供电系统设计通常可以分为变配电系统和通信交流供电系统两部分。

变配电系统的设计内容主要包括高压配电、变压器、低压配电及备用发电机组的数量及容量配置等，一般与通信局(站)土建工程设计同步进行。目前大多数情况下由土建设计单位的建筑电气专业负责设计，通信电源专业需要配合提出通信负荷及其保证负荷容量、所需低压供电回路数量及容量，以便土建设计单位根据通信需要作出预留。通信交流供电系统设计内容主要包括交流配电屏、油机市电转换屏、UPS电源及其输出配电屏、交流稳压器或逆变器的数量及容量配置等，一般与通信工程设计同步进行。

在初步设计阶段，主要是按照设计任务书规定的内容和规模，确定通信局(站)市电供电类别、负荷等级，根据所在地区市电供电条件确定市电供电电压、市电引入回路数及备用发电机组数量和容量，同时确定通信局(站)内变电站的位置、容量，说明高、低压供电系统接线形式及运行方式、正常工作电源与备用电源之间的关系、母线联络开关运行与切换方式、变压器之间低压侧联络方式、功率因数补偿方式、电能计量方式以及系统接地方式等，绘制出高、低压配电系统图、变电所平面布置图、通信交流供电系统图、电力室平面布置图、接地系统图等，并编制工程投资概算。

在施工图设计阶段，主要是在初步设计的基础上，根据批准的初步设计，对交流供电系统建设方案进行细化，提出施工技术要求，绘制详细的高、低压配电系统图、变电所平面布置图及剖面图、继电保护及二次原理图、通信交流供电系统图、电力室平面布置图、接地系统图、导线布放路由图和导线明细表、各种电源设备的安装加固图等，编制施工图预算。施工图设计的设计深度应能达到指导各种电源设备及材料安装的需要。

通信局(站)的交流供电系统的组成应包括高压配电方式和低压的配电方式，高压配电方式是指市电引入的部分；低压的配电方式是指用电设备用电分配的部分。

2. 高压供电系统的设计

1) 高压供电系统电源中性点接地方式

高压供电系统电源中性点接地方式有中性点直接接地、中性点不接地、中性点经消弧线圈接地或中性点电阻接地等多种。

中性点直接接地系统：适用于110 kV及以上电压等级的电网，这种方式下若发生单相接地故障，由于中性点固定于零位，未发生故障的两项仍可维持在原有的电压等级，从而提高供电可靠性。例如，假设某110 kV电网A项单相接地短路，A项电压为0，B、C两项电压仍可保持在110 kV，在短时内仍可正常供电。

高压交流供电系统介绍

中性点不接地系统：由于中性点不接地，若A项发生单相短路，则B、C两项电压相应升高为正常电压值的1.732倍，会超过负荷设备的额定电压，持续时间长的话有可能造成负荷设备绝缘击穿，造成事故。所以这种方式对设备绝缘性要求相对较高。

中性点经消弧线圈接地：在中性点不接地系统发生故障时，故障电流很大，如果故障电流比较大，就会在接地点产生电弧，引起弧光过电压，从而使非故障相对地电压进一步升高，使绝缘遭到破坏，形成两点或多点接地短路，由此造成停电事故。

中性点电阻接地系统：当电网中性点不接地运行时，即使系统的电容电流不大，也会因为在单相接地时会产生间歇性的弧光过电压，使健全相的电位可能升高到足以破坏其绝缘水平的程度，甚至形成相间短路。如果在变压器的中性点(或借用接地变压器引出中性点)

串接一电阻器后泄放间歇性的弧光过电压中的电磁能量，则中性点电位降低，故障相恢复电压上升速度也减慢，从而减少电弧产生的可能性，抑制了电网过电压的幅值，并使有选择性的接地保护得以实现。

2) 高压供电系统配电方式选择

高压配电方式是指从区域变电所将 10 kV 高压市电送至通信局(站)变电站(所)及高压用电设备的接线方式。高压配电的常用接线方式有放射式、树干式及环状式三种。国家标准 GB51194—2016《通信电源设备安装工程设计规范》中规定"通信局站高压供电系统应采用放射式配电"。

放射式配电：从 10 kV 母线上引出一路专线，直接引至用户的变电站(所)的配电方式，沿线不接其他负荷，与其他用户变电站(所)之间无联系。其优点是线路敷设简单，维护方便，供电可靠，不受其他用户干扰，但投资较大，适用于重要负荷。

树干式配电：由区域变电所引出的各路 10 kV 高压干线沿市区街道敷设，各中小企业变电所都从干线上直接引入分支线供电。优点是区域变电所 10 kV 的高压配电装置数量减少，投资相应可以减少；缺点是供电可靠性差，只要干线线路上任一段发生故障，线路上各用户的变电站(所)都将断电。

环状式配电：优点是运行灵活，供电可靠性较高。当线路的任何地方出现故障时，在停电后，只要将故障侧开关断开，切断故障点，便可恢复供电。为了避免环状线路上发生故障时影响整个电网，通常将环状线路中某个开关断开，使环状线路呈"开环"状态。

3. 低压供电系统设计

1) 低压供电系统接地形式

低压供电系统接地方式可分为 TN、TT、IT 三种接地形式。TN 接地形式又分 TN-S、TN-C-S、TN-C 三种形式。根据通信行业标准 GB51194—2016《通信电源设备安装工程设计规范》中第 4.1.2 条规定，通信局(站)低压交流供电系统应采用 TN-S 或 TN-C-S 接地方式。

低压交流供电
系统介绍

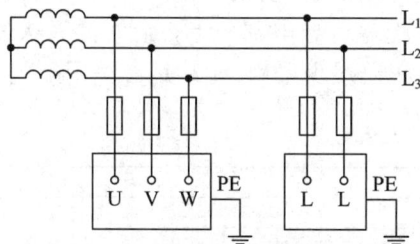

IT 系统：是指电源中性点不接地、用电设备外壳直接接地的系统，如图 2-16 所示。IT 系统可用于对安全有特殊要求的井下配电网等动力网。通信局(站)不采用 IT 系统。

图 2-16　IT 系统

TT 系统：是指电源中性点直接接地、用电设备外壳也直接接地的系统，如图 2-17 所示。通常将电源中性点的接地叫作工作接地，而设备外壳接地叫作保护接地。TT 系统中，这两个接地必须是相互独立的。设备接地可以是每一设备都有各自独立的接地装置，也可以若干设备共用一个接地装置。TT 系统适用于农村低压电力网。

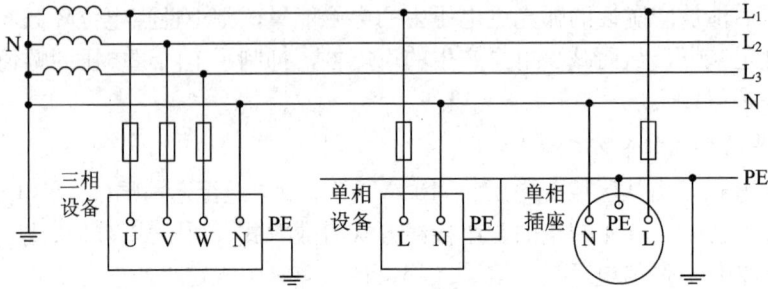

图 2-17　TT 系统

　　TN 系统：是指电源中性点直接接地、设备外壳等可导电部分与电源中性点有直接电气连接的系统。TN 系统适用于城镇低压电力网，它有三种形式，分述如下：

　　TN-S 系统：如图 2-18 所示。中性线 N 与 TT 系统相同，在电源中性点工作接地，而用电设备外壳等可导电部分通过专门设置的保护线 PE 连接到电源中性点上。在这种系统中，中性线 N 和保护线 PE 是分开的。TN-S 系统的最大特征是 N 线与 PE 线在系统中性点分开后，两者之间不能再有任何电气连接。TN-S 系统是我国现在应用最为广泛的一种系统(又称三相五线制)。新楼宇大多采用此系统。

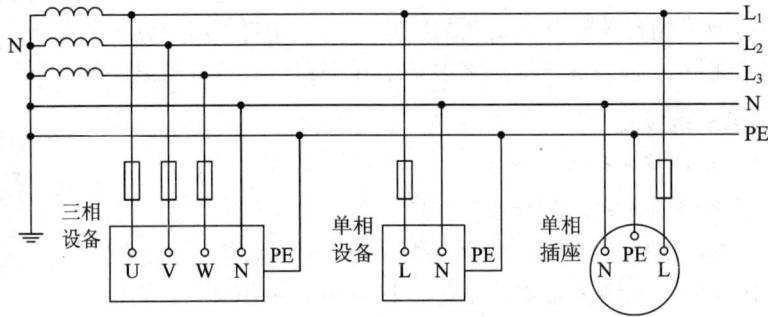

图 2-18　TN-S 系统

　　TN-C 系统：如图 2-19 所示。它将 PE 线和 N 线的功能综合起来，由一根称为保护中性线 PEN 同时承担保护和中性线两者的功能。在用电设备处，PEN 线既连接到负荷中性点上，又连接到设备外壳等可导电部分上。此时注意火线(L)与零线(N)要接对，否则外壳会带电。TN-C 系统现在已很少采用，尤其是在民用配电中已基本不允许采用 TN-C 系统。

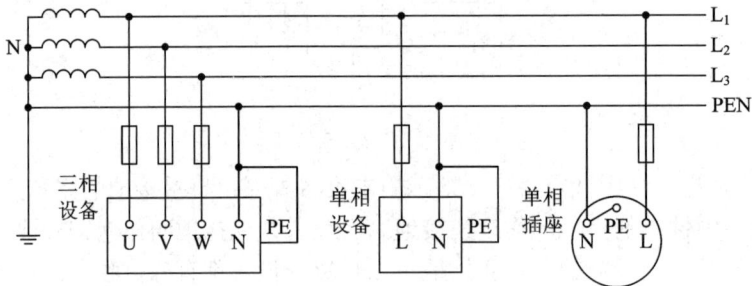

图 2-19　TN-C 系统

TN-C-S 系统：是 TN-C 系统和 TN-S 系统的结合形式，如图 2-20 所示。TN-C-S 系统中，从电源出来的那一段采用 TN-C 系统只起传输作用，到用电负荷附近某一点处，将 PEN 线分开成单独的 N 线和 PE 线，从这一点开始，系统相当于 TN-S 系统。TN-C-S 系统也是现在应用比较广泛的一种系统。

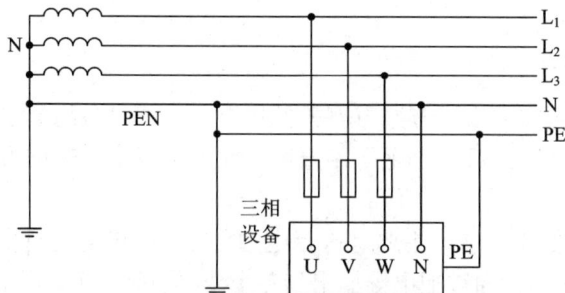

图 2-20　TN-C-S 系统

为了便于区分不同的电源线，电气设备交流电源线的颜色应符合规定，如表 2-2 所示。

表 2-2　导 体 色 标

类别	交 流 电 路				直 流 电 路		地线(PE)
色标	A 相	B 相	C 相	中性线(零线)N	正极	负极	黄绿条纹
	黄	绿	红	蓝	棕	蓝	

2) 低压供电系统配电方式

低压交流系统通常采用 TN 接线方式，当变压器距离通信局(站)较远时，则采用 TN-C-S 接线方式；当变压器在通信局(站)院内或在通信楼内时，则应采用 TN-S 接线方式。

通信局(站)的低压配电设备主要包括低压配电屏(柜)、交流配电屏、市电油机转换屏等。低压配电设备对用电负荷的配电方式有放射式、树干式和链式三种。

放射式配电方式：是指每个用电设备分别从低压配电设备输出端单独引接电源，而不与其他用电设备共用同一个输出端的供电方式。放射式配电方式的优点是供电可靠性高，维护方便，但投资大，适用于重要负荷。目前通信局(站)内对高频开关电源、UPS 电源、收(发)信机等交流通信设备、通信用空调以及其他建筑保证负荷等供电均采用放射式配电方式，上述各种用电设备均从低压配电设备输出端采用电缆线路直接引接。

树干式配电方式：是指从低压配电设备输出端引出一路交流电源，各种用电设备分别从该交流电源引接分支线供电的方式。树干式配电方式的优点是供电可靠性较高，节省干线电缆，投资较少。其适用于用电设备布置比较均匀、容量不大、无特殊要求的场所，目前在建筑照明供电系统中应用较多，一般沿建筑物垂直方向敷设干线电缆，各楼层照明配电箱从该干线电缆分支引接。

链式配电方式：是指从低压配电设备输出端引出一路交流电源，各种用电设备分别按首尾顺序接入该交流电源中的供电方式。链式配电方式的优点是节省线缆，投资少，但供电可靠性较差，适用于从配电屏(箱)对彼此相距很近、容量很小的次要用电设备供电，如照明灯具、墙上电源插座等。

任务 2.2.2　低压配电屏的容量估算与选择

⚙ 任务实施

低压配电屏是按一定的接线方案将有关低压一、二次设备组装起来，用于低压配电系统中动力、照明配电之用。每一个主电路方案对应一个或多个辅助方案，从而简化了工程设计。

如图 2-21 所示，低压配电屏主要是进行电力分配，配电屏内有多个开关柜，每个开关柜控制相应的配电箱，电力通过配电屏输出到各个楼层的配电箱。再由各个配电箱分送到各个房间和具体的用户。所以电力是先经配电屏分配后，由配电屏内的开关送到各个配电箱。

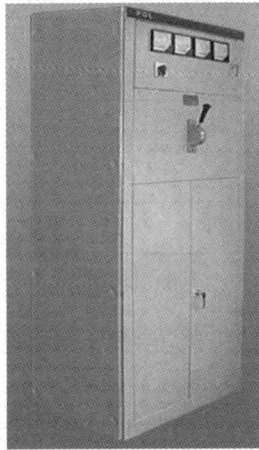

图 2-21　低压配电屏

一、功率因数

电动机、变压器等用电设备都具有电感特性，它们工作时既要从电网吸收有功功率，用于做功，又要从电网吸收无功功率，用于建立磁场。

功率因数 $\cos\Phi$ 用于反映总电功率中有功功率所占的比例大小，即有功功率与视在功率的比值，是衡量电气设备效率高低的一个系数。功率因数越接近 1，说明其消耗的无功电量越少，电力有效利用程度越高；相反，功率因数越低，则消耗的无功电量越多，电力没有得到充分有效的利用。

常用设备的效率、功率因数如表 2-3 所示。

表 2-3　常用设备的效率、功率因数

指标	电动发电机	硒整流器	硅整流器	可控硅整流器	交流通信设备	照明设备	逆变器
效率/%	65	70	75	80	80	0.8	80
功率因数	0.7	0.7	0.7	0.7	0.8	1	

二、低压配电屏容量的估算

👷 跟我学：

【例 1】　某通信机房 380 V 供电通信空调 2 台，共计耗电 18 kW，照明用电 100 A，数据设备、PC 终端等耗电 150 A，近期其他 220 V 供电预留 50 A。请根据通信机房的实际配置情况，计算出该通信机房需要的配电屏容量。

解　该机房的总功耗：

$$P_{总功耗} = \frac{(P_{空调} + P_{照明} + P_{数据和PC} + P_{预留})}{功率因数}$$

$$= \frac{18\ 000 + 220 \times 100 + 220 \times 150 + 220 \times 50}{0.8}\ \text{W}$$

$$= 105\ 000\ \text{W}$$

功率因数因设备厂家的不同而有差异，在此取 0.8。

$$I_{总} = P_{总功耗}/U = 105\ 000/380\ \text{A} = 276\ \text{A}$$

交流配电屏的电流标准系列(单位：A)为 50，100，200，400，630，800，1000，1600。

考虑到将来增加设备，同时按国家交流电流系列标准，综合取定本机房新增交流配电屏容量为 380 V/400 A，能满足中远期交流负载需求。

任务 2.2.3　油机发电机组的容量估算与选择

⚙️ 任务实施

油机发电
机组介绍

一、柴油发电机组的初步认识

现在通信局(站)的信息通信技术设备的正常运行十分依赖机房内的空调装置，如程控交换机，当空调持续停止工作 45 min 以上时，机房内的温升就可能使它难以维持正常工作，甚至发生网络功能瘫痪。所以，一旦市电停电，应在 15 min 内使备用发电机组启动运行，以保证机房空调等用电。

燃油发电机组用作通信局(站)的备用交流电源，是通信电源系统的重要组成部分之一。机组的动力来自将燃油(柴油或汽油)在气缸中燃烧的热能转变为机械能的内燃机，它带动交流同步发电机旋转将机械能转变为电能。燃油发电机组有柴油发电机组和汽油发电机组两大类，在通信局(站)中主要采用柴油发电机组。柴油发电机组是以柴油为主燃料的一种发电设备，以柴油发动机为原动力带动发电机发电，把动能转换成电能和热能的机械设备。整套柴油发电机组主要分为三个部分：柴油发动机、发电机、控制器。

1. 内燃机的分类和型号

按使用燃料分为柴油机、汽油机等。按结构形式分为单缸与多缸，还有直列式、卧式、V形。按进气方式分为非增压(自然吸气)增压(有增压器)。按冷却方式分为风冷内燃机、水冷内燃机。按着火方式分为压燃(自燃)、点燃(点火)。按额定转速分为高速内燃机：额定转速大于1000 r/min；中速内燃机：额定转速为750～1000 r/min；低速内燃机：额定转速为小于750 r/min。

内燃机的型号主要由以下内容组成：气缸数、气缸排列、冲程符号、气缸直径、结构特征、用途特性。

气缸数：用数字表示；

气缸排列：直列不标、P(卧式)、V(V型)；

冲程符号：四冲程不标、E(二冲程)；

气缸直径：用毫米(mm)作单位；

结构特征：水冷不标、F(风冷)、非增压不标、Z(增压内燃机)；

用途特性：通用不标、T(拖拉机)、C(船用)、Q(汽车用)等。

例如，6135Z型内燃机含义是：六缸、直列式、四冲程、气缸直径为135 mm、通用水冷增压式柴油机。

通信局(站)应选用转速为1500 r/min的电启动柴油发电机组，小功率便携式机组可选用高转速柴油或汽油发动机。固定使用的机组不宜选用单缸柴油机。普通水冷柴油机在5℃以下、增压水冷柴油机在10℃以下环境温度使用时，宜采用电预加热装置。

2. 油机发电机组的工作原理

油机主要由曲轴连杆机构、配气机构、启动系统、供油系统、润滑系统和冷却系统等几部分组成。油机是将燃料的化学能转化为机械能的一种机器，它是通过气缸内连续进行进气、压缩、工作、排气四个过程来完成能量转换的。

四冲程油机简图如图2-22所示。

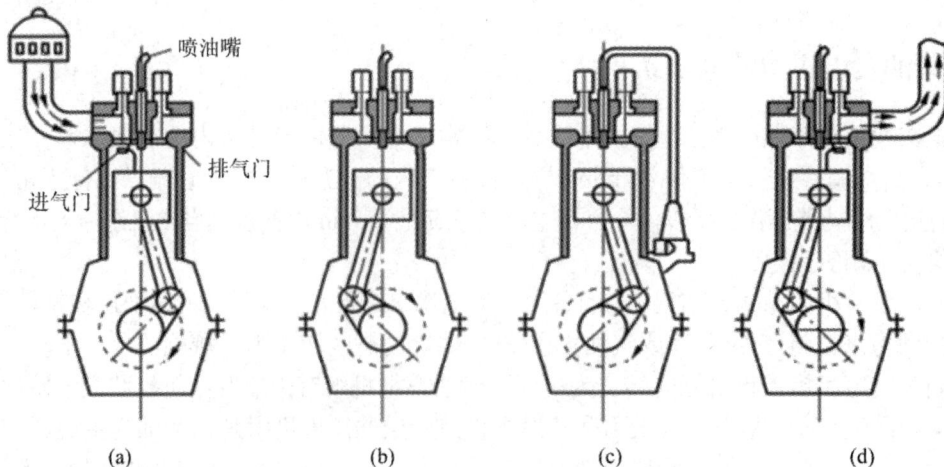

图2-22　四冲程油机简图

活塞的上下运动借连杆同曲轴相连接，把活塞的直线运动变成曲轴的圆周运动。气缸顶部有两个气门，一个是进气门，另一个是排气门。四冲程柴油机的工作循环是在曲轴旋转两周(720°)，即活塞往复运动四个冲程中，完成了进气、压缩、工作、排气这四个过程。

二、交流发电机工作原理

发电机有直流和交流、同步和异步、单相和三相之分。油机带动的交流发电机一般都是同步发电机。

所谓同步发电机就是它的旋转速度 n 和电网频率 f 及发电机本身的磁极对数 p 之间保持着严格的恒定关系，即 $f = pn/60$ 或 $n = 60f/p$。

1. 交流发电机的构造

通信部门用的一般都是三相交流发电机，如图 2-23 所示。三相交流发电机一般都做成三相的电枢绕组，均匀分布在由硅钢片叠成的定子铁芯内圆周上。磁极上绕有励磁线圈绕组。

图 2-23　三相交流发电机

励磁：一般我们把根据电磁感应原理使发电机转子形成旋转磁场的过程称为励磁。

励磁电流：是同步电机转子中流过的电流。(有了这个电流，使转子相当于一个电磁铁，有 N 极和 S 极。)

2. 交流发电机的工作原理

发电机的转子由油机带动旋转后，磁极绕组中流有电流，磁极便产生磁性，就在定子和转子之间的空隙里产生一个磁极旋转磁场。旋转磁场切割定子槽中电枢绕组的线圈便产生交变的电流(接通外电路后)，此交变电流也在空气隙中形成一个电枢旋转磁场，电枢旋转磁场的转速与发电机的转速始终保持相等的关系。两者保持同步，所以称为同步发电机。其转子转速 n(r/min)与频率 f 及磁极对数 p 保持不变的关系。即 $n = 60f/p$。当磁极对数一定后，要想获得恒定的频率，必须严格要求发电机的转速稳定不变，也就是要求带动它的油机的转速稳定不变。

3. 便携式(小型)油机发电机组

便携式(小型)油机发电系统由发动机(油机)、发电机和控制设备等主要部分组成,如图2-24 所示。此外,还有燃油箱(含油量指示)、蓄电池(电启动)、附件工具箱、电缆等,均为发电机组的构成部分。

图 2-24 小型油机发电机组

便携式油机发电机组主要用于通信中工程、移动基站、模块局(站)等小型动力设备的备用电源。

三、油机发电机组的容量估算与选择

一般正常运行时,柴油发电机组所带负载应为额定负载的60%~70%为宜(最佳负载率),如果是三相油机,负载最好要在三相上均衡,否则造成油机某相负荷太大,容易损毁油机。对于油机的要求是在三相对称负载上,其中任一相要再加 20%额定相功率的电阻性负载,且当任一相总的负载电流不超过额定值时,还应能正常工作 1 h,线电压的最大(最小)值与三相线电压的平均值之差不超过三相线电压平均值的 10%。

油机发电机组容量
估算与设备选型

油机在额定电压下可过载 1.5 倍额定电流,历时 2 min。发电机应与发动机过载能力相匹配,即以 6 h 为周期,可在 110%额定负载运行 1 h,而不超过温升限度。

当负载是感性负载(如 UPS)或者是空调时,负载功率应乘以 1.5~2 的系数。

柴油发电机组需求功率:

$$P = P_1/K_1$$

其中:P_1——负载容量;

K_1——工作最佳系数(一般取 0.6~0.7)。

机房内的负载设备主要有通信设备、开关电源、不间断电源(UPS)、空调。其中,通信设备由开关电源和 UPS 来供电。

机房负载总功率 = 开关电源功率 + 空调功率 + (不间断电源功率 × 2)

开关电源功率的计算:开关电源的主要部件为整流模块(一般每个模块的输出电流为30 A 或 50 A)。开关电源的输出功率 P_o 一般按以下公式估算。

(1) 当整流模块的个数是 3 的整数倍时,有

$$P_o = U_o \times I_o$$

其中:P_o——输出功率;

U_o——直流输出电压,当取最大值时,对工作电压为 48 V 的蓄电池,均衡充电电压值约为 58 V;

I_o——直流输出电流,当取最大值时,即按所有整流模块全部工作时计算的电流值。

注意:由于按直流计算,所以不乘以功率因数,在估算时开关电源的效率可以忽略不计。

(2) 当整流模块的个数不是 3 的整数倍时,有

$$P_o = 3 \times (U_{oi} \times I_{oi})$$

其中:I_{oi}——整流模块最多的那一相的直流输出电流。

空调功率的计算:

$$1 P 空调的功率 = 0.75 \text{ kW}$$

考虑到感性负载(如不间断电源)对柴油发电机影响,因此在柴油发电机组有接入感性负载时,负载功率应乘以(1.5~2)的系数。

跟我学:

【例 2】　某中心机房有如下负载:

(1) 开关电源有 6 个整流模块,整流输出电压为 48 V,每个整流模块的输出电流为 100 A;

(2) 一台三相 15P 空调;

(3) 一台不间断电源(UPS),容量为 30 kW。该中心机房所需柴油发电机组容量应该有多大?

解　开关电源功率(估算)的输出电流:

$$100 \text{ A} \times 6 = 600 \text{ A}$$

按最大值,6 个整流模块来计算。

输出电压:

$$2.35 \text{ V} \times 24 = 56.4 \text{ V}$$

单节标称电压为 2 V,单节蓄电池的浮充充电电压值一般为 2.23 V,均衡充电电压一般为 2.35 V,按最大值,即均衡充电电压值来计算。

开关电源功率(最大值):

$$56.4 \text{ V} \times 600 \text{ A} = 33.84 \text{ kW}$$

空调功率(三相 15 P):

$$0.75 \text{ kW} \times 15 = 11.25 \text{ kW}$$

不间断电源(UPS)视在功率:

$$30 \text{ kW} \times 2 = 60 \text{ kW}$$

因 UPS 是感性负载,故功率要乘以系数 2。

中心机房的负载总功率：

$$33.84\ kW + 11.25\ kW + 60\ kW = 105.09\ kW$$

柴油发电机组的容量：

$$P = 105.09\ kW/0.7 \approx 150\ kW\ (发电机组最佳工作系数取\ 0.7)$$

柴油发电机组按功率可分为

10-50 kW，50-100 kW，100 kW，120 kW，150 kW，180 kW，200 kW，220 kW，250 kW，280 kW，300 kW，330 kW，350 kW，360 kW，400 kW，450 kW，500 kW，550 kW，600 kW，650 kW，700 kW，750 kW，800 kW，850 kW，900 kW，1000 kW，1100 kW，1200 kW，1500 kW，1600 kW，2000 kW，2000 kW 以上。

因此该中心机房发电机组的容量应选 150 kW 的较合适。

四、柴油发电机的操作规程

1. 启动前的检查

检查柴油机和发电机上有无其他异物。检查水箱内的水位高低和燃油的多少，当水位低于水位线时则必须加水，燃油低于燃油线时则必须加油。检查蓄电池的开关是否闭合(应闭合)。检查发电机配电箱总开关是否断开(应断开)。

2. 启动

打开启动锁，按启动按钮，使发动机启动运转。发动机启动后，应调整调整器，使其在 700 r/min 转速以下，进行暖机(气温高于 10℃可不进行)。慢慢调整转速开关，使机组空载电压至 400 V，频率为 50 Hz。转动电压转换开关，检查三相电压是否平衡。闭合发电机配电箱上的主开关，这时机组将向负载供电。

3. 机组的运行

发动机带载运行中应注意经常观察电气仪表(电流、电压、频率和功率的值)及发动机仪表盘各仪表的指示状况。根据规定要求，随时加以调整。加、减负载应保持三相平衡。按照发动机、发电机、控制屏等的使用说明的要求做好记录。机组因故障停机或有异常声音时，应仔细查找故障原因，待故障排除后方可开机。

4. 停机

机组停机前，应逐步卸去负载，然后使主开关处于分闸位置。将转速开关慢慢置于"怠速"位置，使机组转速降至怠速。待油温、水温降至 40℃以下时，方可停机。

5. 保养

在不长期使用的情况下，每半月合车一次，给蓄电池进行充电。停机后，清洁柴油机部分和发电机部分。

(1) 新机维护：新机首次投入使用 100 h 后进行，清洗曲轴箱、滑油箱、滑油过滤器并更换滑油，擦除气缸头上平面的脏旧滑油，检查各紧固件松动的情况。

(2) 日常维护：每 24 h 应给气缸头罩壳上的两个小孔加油，向进、排气阀处滴加滑油 2～5 滴，但不得多加，否则，能使气阀阀杆与导筒黏结。尤其是排气阀处，需在一定时间加些柴油或煤油。注意检查各黄油滑脂情况，必要时应下旋加注或补充。检查射油泵的滑油情况是否在规定平面内。检查各仪表是否工作正常。消除日常所发生的故障并填入机器证明书内。

(3) 每 100 h 维护：旋转滑油过滤器盖上的中心转轴数次。清洗空气过滤器。更换射击油泵内的滑油，以加至油尺标记为止。(此项可根据被柴油稀释的程度决定)。旋开柴油过滤器下部的防污螺塞，滤除积水和脏物。

任务 2.2.4　UPS 的容量估算与选择

任务实施

UPS 交流不间断电源介绍

交流不间断电源(UPS)是一种利用电池化学能作为后备能量在市电断电或发生异常等电网故障时不间断地为用户设备提供交流电能的一种能量转换装置。它广泛地应用在银行、医疗、邮电、国防、工业控制、机要机关等部门。

一、UPS 的组成

1. 目前市电存在的问题

市电中断：市电中断通常是指市电输出零电压，并持续两个周期以上，如图 2-25 所示。市电中断的原因主要有配电空气开关跳闸、供电回路短路、电源设备故障等等。

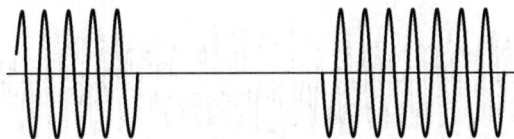

图 2-25　市电中断

电压浪涌：电压高于 110%额定值且持续一个或多个周波称为电压浪涌，如图 2-26 所示。大功率用电设备的退出或者电网受雷击干扰均可能造成电压浪涌。

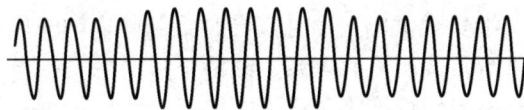

图 2-26　电压浪涌

电压波形下陷：电源电压低于 80%～85%额定值且持续一个或多个周波称为电压波形下陷，如图 2-27 所示。通常是由大功率用电设备的启动冲击造成。

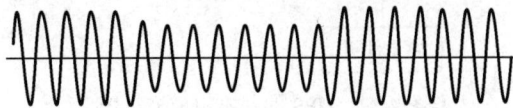

图 2-27　电压波形下陷

高压尖脉冲：由闪电、电子开关、电焊设备、静电放电等原因造成，高压脉冲峰值电压可高达 6000 V，如图 2-28 所示，其持续时间一般为 0.5～5 个周波。

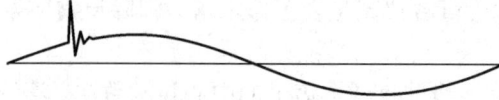

图 2-28　高压尖脉冲

谐波干扰：由整流设备、电动机、继电器、通信设备、电焊机等产生的谐波，如图 2-29 所示。

图 2-29　谐波干扰

频率漂移：频率漂移是指电源的频率不能稳定在额定值，而是在额定值附近波动，如图 2-30 所示。企业备用发电机组和小型水电站输出的交流电源经常会出现频率漂移的现象。

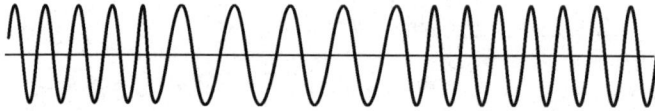

图 2-30　频率漂移

持续高低压：电网持续高压或者是持续低压主要是由于电网变压器或者是电力线路容量有限，且电网变压器性能不佳，电网负荷过大或者是电网负荷过小的原因造成的，如图 2-31 所示。

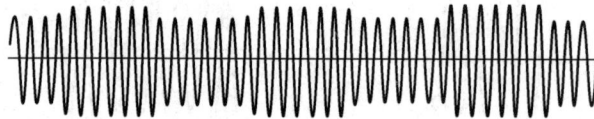

图 2-31　持续高低压

2. UPS 的基本组成

如图 2-32 所示，UPS 一般都由蓄电池、整流器、逆变器和静态开关等部分组成。UPS 在电网电压工作正常时，给负载供电，而且，同时给储能电池充电；当突发停电时，UPS 开始工作，由储能电池供给负载所需的电源，维持正常的生产；当由于生产需要或负载严重过载时，由电网电压经整流后直接给负载供电。

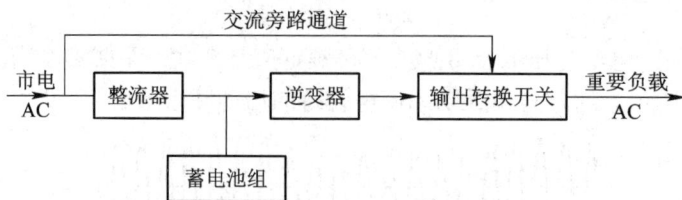

图 2-32　UPS 的基本组成方框图

UPS 系统主要分两大部分，主机和储能电池。额定输出功率的大小取决于主机部分，并与负载属性有关，因为 UPS 对不同性能的负载驱动能力不同，通常负载功率应满足 UPS 70%的额定功率。当负载功率确定后储能电池容量的选取主要取决其后备时间的长短，主要由备用电源的接入时间来定，通常在几分钟或几个小时不等。

二、UPS 的分类方法

根据电路结构的不同，按照新的 IEC 标准 IEC62040-3，UPS 分为三种类型，即双变换 UPS、市电交互 UPS 和冷备用 UPS。

1. 冷备用 UPS

冷备用 UPS(即后备式 UPS)基本工作原理是：当输入交流市电正常时，转换开关自动接通"旁路"，市电经旁路通道(对市电加以简单的稳压处理)向用电设备供电；充电器对蓄电池补充充电；此时逆变器停机(冷备用)。当市电停电时，蓄电池对逆变器供电，逆变器迅速开机，转换开关自动接通逆变器，由逆变器输出交流电压向用电设备供电。

电路有以下特点：

(1) 转换开关靠电磁铁吸动，由机械电触点动作接通或断开电路，转换过程中输出电压有 10 ms 左右的中断，要求用电设备允许这种短时间的中断。通常计算机内部电源的电解电容器电容量足够大，可以维持这段时间的运行。

(2) 逆变器结构简单，输出方波或正弦波；通常额定输出功率较小。

(3) 冷备用 UPS 有逆变器只允许用在短时间运行(10 min 左右)的产品中，逆变器和蓄电池容量都小，价格低廉，供电时间约为 10 min，主要作计算机停电前保存数据之用；也有逆变器可较长时间运行的产品。

2. 双变换 UPS

双变换 UPS 的基本工作原理是：无论市电是否停电，均由逆变器经相应的静态开关向负载供电。当有市电时，整流器向逆变器供给直流电，并由整流器或另设的充电器对蓄电池组补充充电；当市电停电时，蓄电池组放电向逆变器供给直流电。所谓双变换，是指这种 UPS 正常工作时，电能经过了 AC/DC、DC/AC 两次变换后才供给负载。

电路有以下特点：

(1) 当市电质量较好频率较稳定时，逆变器的输出频率跟踪市电频率，一旦逆变器过载或出现故障，机内的检测控制电路使静态开关迅速切换为由市电旁路供电；当逆变器恢复正常后，静态开关又切换为由逆变器供电。由于逆变器与市电锁相同步，因此二者能实现安全、平滑的快速切换(切换时间≤4 ms、最短切换时间≤1 ms)。静态开关是由晶闸管组成的交流开关，开关速度很快。

(2) 逆变器输出标准正弦波，输出的电压、频率稳定(若市电频率不稳，则逆变器不跟踪市电频率而单独保持输出频率稳定)，由此可以彻底消除市电电压波动、频率波动、波形畸变以及来自电网的电磁骚扰对负载的不利影响，提高供电质量。

(3) 输出功率经整流器和逆变器两级变换产生(串联运行)，设备的体积较大，效率较低(为两级效率相乘)。

3. 市电交互 UPS

市电交互 UPS 又称"与市电互动 UPS"，过去常称为在线互动式 UPS，有多种形式的电路。其中的逆变器是双向逆变器，既能将输入交流电整流为直流电给蓄电池充电，又能将蓄电池的直流电逆变为交流电给负载供电，这两种工作状态在一定条件下可以自动转换。

电路有以下特点:

(1) 在有市电时, UPS 的输出频率为市电频率, 输出功率以市电为主, 双向逆变器起补偿调节作用; 同时双向逆变器能工作在整流状态对蓄电池组补充充电。逆变器的补偿调节作用使 UPS 具有稳压和正弦波波形输出的性能。

(2) 当市电停电时, 逆变器 2 提供输出的全部功率。因此, 逆变器 2 的额定容量为负载容量的 100%, 而逆变器 1 的额定容量约为负载容量的 30%。

(3) 具有效率高、整流和逆变合二为一以减小体积重量的优点, 但负载没有与市电的干扰真正隔离。在有市电时, 市电交互 UPS 的输出频率等于市电频率, 若市电频率不稳, 则 UPS 的输出频率不稳; 而双变换 UPS 的输出频率等于逆变器的逆变频率, 能够始终保持稳定。这就是两者的根本区别。

三、UPS 可靠性供电方案

双变换 UPS 具有较高的供电质量和可靠性, 但是 UPS 毕竟是由大量电子元件、功率器件、散热风机和其他电气装置组成的功率电子设备。当采用单台 UPS 供电时, 由于其平均失效间隔时间(MTBF)是个有限值, 一般为十万小时, 而且这只是平均值, 所以还可能发生由于 UPS 本身的故障而中断供电的现象。采用冗余 UPS 系统, 可使供电的可靠性得到很大提高。

1. 主从机串联热备份供电方案

这是缘于 UPS 电源的锁相同步控制技术还未完善到足以保证多台 UPS 的逆变器电源总是处于同相、同频的跟踪技术下常采用的方案, 如图 2-33 所示。这种供电方案的缺点在于从机长期处于空载状态, 其电池寿命短, 容量会下降, 且无扩容能力。为提高性价比, 可采用由三台 UPS 电源所构成的热备份冗余供电系统形式, UPS1、UPS2 作主机使用, 而 UPS3 作为二者的从机。

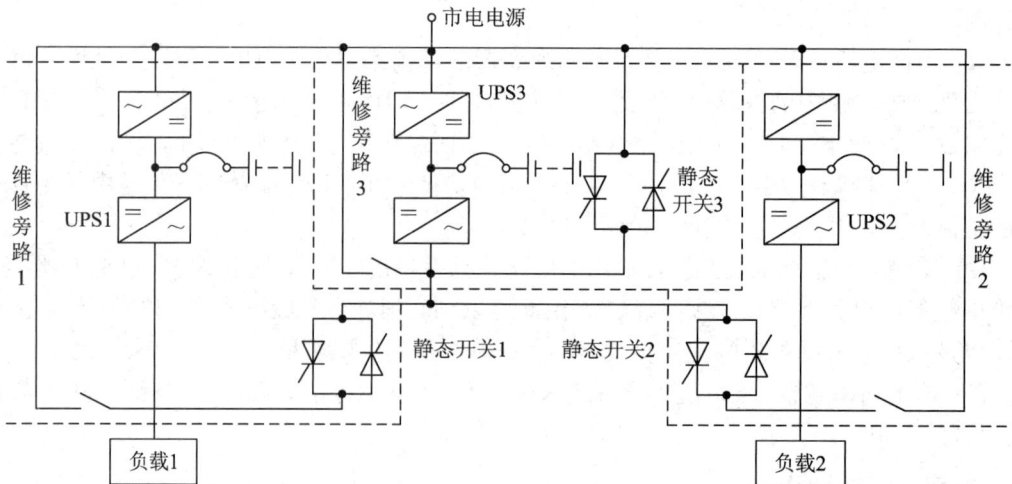

图 2-33　主从机串联热备份供电方案

2. 直接并机冗余供电方式

为克服主机-从机型热备份供电系统的弱点, 随着 UPS 控制技术的进步, 具有相同额定输出功率的 UPS 可直接并联而形成冗余供电系统。为保证高质量的并机系统,各电源间必须保持同频、同相、各机均流。

并联冗余供电方案有"1＋1""N＋1"等多种结构形式。用于双机并联的 UPS 必须具有并机功能,两台 UPS 中的并机控制电路通过并机信号线连接起来,使两机输出电压的频率、相位和幅度保持一致。这种并联主要是为了提高 UPS 供电系统的可靠性,而不是用于供电系统扩容,所以负载的总容量不应超过额定的输出容量。当其中一台 UPS 发生故障时,可由另一台 UPS 来承担全部负载电流。这种两台并联冗余供电的 UPS,由于其输出容量低于额定容量的 50%,所以它们经常在较低的效率下运行。

具有并联功能的 UPS 一般可允许 3 台、有的甚至允许 6 台并联使用。多台 UPS 并联供电系统的转换效率与设备利用率都高于两台 UPS 并联供电系统。例如,对一个容量为 260 kV·A 的负载系统,可采用每台额定容量为 100 kV·A 的 4 台 UPS 并联系统供电。此时具有"3＋1"的冗余度,即 3 台 UPS 可满足全部用电需要并有适当的余量,当 4 台 UPS 中有 1 台发生故障时,也不会影响对负载的正常供电;当供电系统正常工作时,每台 UPS 承担 65 kV·A 的负荷,设备利用率为 65%。这种"3＋1"并联冗余与"1＋1"并联冗余度的供电系统相比,显然具有较高的运行经济性。

3. 双母线供电系统

在实际运行中,不仅要保证 UPS 输出端的电源可靠性,更重要的是保证负载输入端的电源可靠性。基于这种考虑,出现了分布冗余 UPS,即双母线 UPS 供电系统(又称双总线 UPS 供电系统),其目的是将电源系统的冗余扩展到每一个负载设备。

如图 2-34 所示,在供电电路中有两个独立的 UPS 系统,UPS1 和 UPS2 经各自的输出配电屏为双电源负载和单电源负载供电。双电源负载设备有两路电源输入端,只要任何一路输入电源正常,负载设备就能正常工作。单电源负载设备则通过静态转换开关 STS 和分配电屏来保证输入电源不间断:每个分配电屏在正常情况下由一个 UPS 系统供电,当这个 UPS 系统出现故障或需要维修时,STS 将该分配电屏平滑地切换为由另一个 UPS 系统供电。

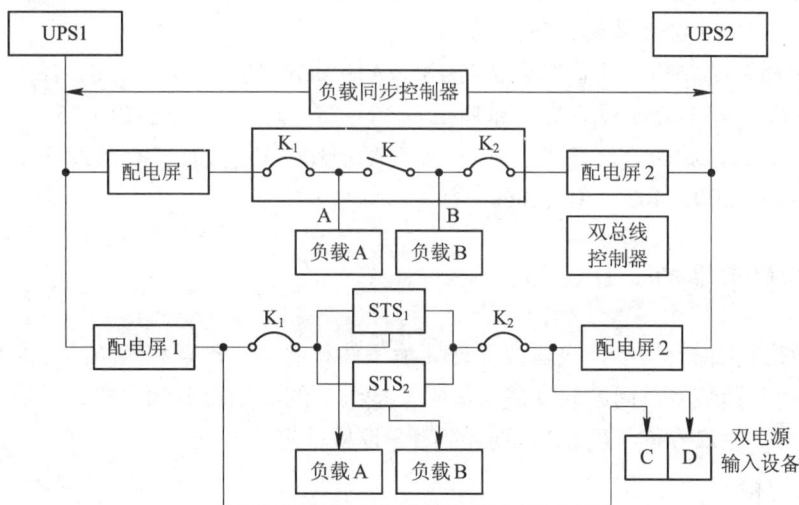

图 2-34　双母线供电系统

四、UPS 的容量估算与选择

UPS 的容量选择要根据局方提供的通信机房内重要交流负载的总功耗计算，计算方法同交流配电柜容量的计算方法。

选配什么品牌的 UPS 电源要根据运营商的具体情况来确定，但有一点必须明白，所有预选配 UPS 电源的功率必须略大于负载的实际功率，才能使 UPS 电源可靠地工作。另外，功率是电能的单位，一般用瓦特(W)来表示，而国际上用电流安培(A)和电压伏(V)的乘积来表示(V·A 为视在功率单位)。

UPS 的容量估算
与设备选型

视在功率单位伏安(V·A)与有用功率单位瓦特(W)的换算方法为：视在功率单位伏安(V·A)乘以 0.7～0.8 即为有用功率瓦特(W)。

跟我学：

【例 3】 某网管监控中心要单独配置一套 UPS，有 50 台电脑终端，每台功耗按 300 W 估算。请根据通信机房实际配置情况，计算出该通信机房需要 UPS 的容量。

解
$$P_{总功耗} = 300 \times 50 \text{ W} = 1500 \text{ W}$$
$$P_{总功耗} = 1500/0.7 \text{ V·A} = 2143 \text{ V·A}$$

故
$$P_{总功耗} = P_{总功耗}/1000 = 2143/1000 \text{ kV·A} = 2.143 \text{ kV·A}$$

由于电脑终端属于单相 220 V 供电，因此选择单相输入单相输出为 3 kV·A 的 UPS 主机柜。

UPS 输出分为三相输出(380 V)和单相输出(220 V)。对于三相输入单相输出和三相输入三相输出情况如上所述，工程设计中明确通信机房设备的实际需求(是三相输入还是单相输入)，然后相应选择 UPS 主机柜是三相还是单相输出。

UPS 主机柜容量标准系列如下：

(1) 单相输入单相输出设备容量系列(kV·A)：0.5，1，2，3，5，8，10。

(2) 三相输入单相输出设备容量系列(kV·A)：5，8，10，15，20，25，30。

(3) 三相输入三相输出设备容量系列(kV·A)：10，20，30，50，60，80，100，120，150，200，250，300，400，500，600。

五、UPS 的日常维护

UPS 周期维护内容较少，只需要保证环境条件和清洁。检查和预防的目的是使机器保持最佳的性能并预防将小问题转变成大故障。按维护的周期可分为日检、月检、年检。有条件的分公司，建议安排年度或半年度的 UPS 巡检计划。

1. 日常巡检

日常巡检项目及具体的巡检维护内容如表 2-4 所示。

表 2-4　日常维护工作表

巡检项目	具体巡检维护工作内容
告警监视与处理	值机人员在 UPS 设备安装现场观察 UPS 的控制面板上是否存在告警信息，防止监控告警没有及时上传到动力监控系统而造成事故隐患。一旦发现告警，立即根据告警的内容作出相应的处理，并在值班日记上详细记录故障事件和相应的处理措施、处理结果
交流停电倒换	如果出现交流输入停电，值机人员需及时启动应急电源并严格按照操作规程，将 UPS 的交流输入切换到应急电源或第二路市电电源上
运行参数记录与分析	按照省公司下发的机房电源巡检记录表中关于 UPS 的相关内容要求，按实抄写 UPS 的输入/输出电压、输出电流、负载比率等内容。并将本次抄写的数据与历史数据进行对比分析，如果出现负载突变现象，需要仔细追查负载突变的原因
运行状况检查	UPS 设备运行状态查询可以在操作显示面板上完成，可以查询的状态参数包括主路输入电压/电流、输出电压/电流、频率、电池状态、电池电压/电流、告警历史记录等。查询方法请参看 UPS 产品用户手册
其他检查	检查 UPS 的出风口温度、检查 UPS 室的空调是否正常、室内温度是否满足要求。检查整流模块、逆变模块、风扇、变压器、滤波器有无异常声音

2. 月度维护

UPS 设备每月的巡检项目及月度的巡检维护内容如表 2-5 所示。

表 2-5　月度维护工作表

巡检项目	具体巡检维护工作内容
检查系统告警功能	模拟系统简单故障，系统应发出相应告警
检查系统显示功能	将系统主机显示的电压、电流值与仪表的实际测量值进行比对，显示误差应分别小于 0.2 V 和 0.5 A
检查系统参数设置	系统所有参数设置正常，无漂移现象
检查系统接地保护	工作接地、保护接地的全部连接端连接紧密、无松动
检查熔丝、开关和结点温升	用红外点温仪测量表面温度，要求温升<50℃
检查散热风扇是否正常	风扇运转正常、无卡滞，滤网无积灰
清洁/更换系统滤网	按需进行
检查电池连接条和交流电缆连接情况	连接紧固，无松动、老化、腐蚀现象，电池充放电时连接条无明显的发热现象
检测单体电池端电压和极柱温度，检查电池外观	单体电池端电压差<100 mV×n 节 壳体无变形、开裂，无漏液痕迹
清洁系统内外部卫生	系统内外部清洁，无明显积灰

3. 年度检测

在 UPS 系统竣工验收时需要对蓄电池进行全容量的放电测试。UPS 投运后，在前两年进行 30%的核对性容量试验，从第 3 年开始每年一次进行全容量的放电试验。

4. 巡检

巡检报告应该包括数据统计、数据分析、问题说明、对策建议等。表 2-6 所示为巡检项目及巡检内容。

表 2-6　年度巡检工作表

巡检项目	具体巡检工作内容
春季巡检	为了保障设备在潮湿的雨季和雷季中的运行安全，对设备接地系统状况、耐压参数与防雷部件等进行检查
秋季巡检	为了保证设备在干燥的冬季特别是春节期间保持良好的运行状态，对设备的性能指标、负荷能力、电池容量、供电安全、机房安全等进行检查。不论是春季还是秋季巡检都需要检查的项目包括机房温度和湿度、设备防尘、电线电缆状况、连接点状态等

任务2.2.5　低压交流供电设备的维护

低压交流供电设备维护

🔧 **任务实施**

通信局(站)的低压交流供电系统由低压市电、备用发电机组、低压配电设备、UPS 以及相关的馈电线路组成。

较大容量的通信局(站)通常设置低压配电室，安装成套低压配电设备，用来接受、切换、分配低压市电及备用发电机组电源，对通信局(站)内的通信设备、保证建筑负荷和一般建筑负荷供电。低压配电设备的数量和容量，根据建设规模、变压器数量、用电设备的供电分路要求及远期预计的发展规模而确定。

简易的低压供电系统由一台交流配电屏(箱)和组合式开关电源的交流配电单元组成。交流配电屏(箱)作为变压器的受电及低压配电单元。这种形式的供电系统适用于小型通信台站，如移动通信基站、光缆中继站等。交流配电屏(箱)的电源输入端通常是两路(市电、备用发电机组)电源引入的。

一、常见的低压配电设备

1. 低压交流配电柜

低压交流配电柜的结构形式通常有两种，一种是固定式，另一种是抽屉式(抽出式)，如图 2-35、图 2-36 所示。

图 2-35　固定式低压配电柜

图 2-36　抽屉式低压配电柜

固定式低压配电柜能满足各电器元件可靠地固定在柜体中特定的位置。其特点为：结构合理，安装维护方便，防护性能好，分断能力强，容量大，动稳定性强；但由于其回路少，单元之间不能任意组合且占地面积大，不能与计算机联络，不利于远程监控。该柜体外形一般为立方体，如屏式、箱式等，也有棱台体如台式等；这种柜有单列的，也有排列的。

抽出式由固定的柜体和装有开关等主要电器元件的可移装置部分组成，可移部分移换时要轻便，移入后定位要可靠，并且相同类型和规格的抽屉能可靠互换，抽出式中的柜体部分加工方法基本和固定式中柜体加工方法相似。但由于有互换的要求，柜体的精度必须提高，结构的相关部分要有足够的调整量，至于可移装置部分，要既能移换，又要可靠地承装主要元件，所以抽出式低压配电柜既要有较高的机械强度和较高的精度，其相关部分又要有足够的调整量。

两种结构形式各有利弊，应根据使用、维护的要求而选择。从使用及维护的方面看，抽屉式的低压配电设备维护方便，便于更换开关，同容量的开关在不同的屏内可相互替换。但应注意的是抽屉式的低压配电屏由于采用封闭式的结构，屏内散热比固定式屏差，为此在选择开关时应考虑环境温度的影响，需考虑 0.8 的降容系数。

2. 油机发电机组控制屏

油机发电机组控制屏用于发电机组的操作、控制、检测和保护，目前往往随油机发电机组一起购入，由油机发电机组厂商配套提供，其种类较多，通常和发电机组安装在一起。

3. 自动切换开关(ATS)

自动转换开关装置简称为 ATSE 或 ATS，如图 2-37 所示。它是将负载电路从一个电源自动换接至另一个(备用)电源的开关装置，用以确保重要负荷连续、可靠地运行。在重要通信枢纽局的交流供电系统中，ATS 常担负两路低压市电之间或市电与发电机之间的自动切换工作，典型 ATS 应用电路如图 2-38 所示。

图 2-37　ATS 自动转换开关

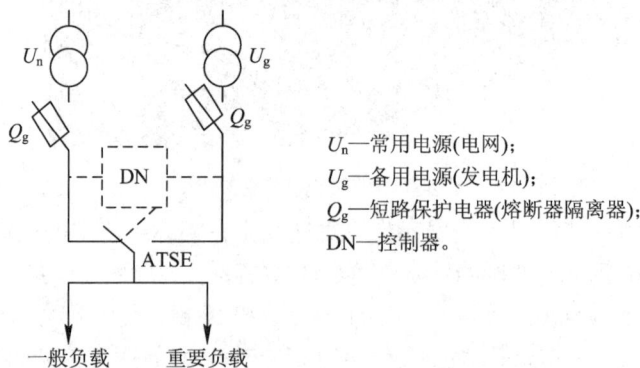

U_n—常用电源(电网)；
U_g—备用电源(发电机)；
Q_g—短路保护电器(熔断器隔离器)；
DN—控制器。

图 2-38　典型 ATS 应用电路

ATSE 一般由两部分组成：开关本体和控制器。而开关本体又分为 PC 级(整体式)与 CB级(断路器)。常用 PC 级，具有结构简单、体积小、自身连锁、转换速度快(通常在 0.2 s 以内)、安全、可靠等优点，但不具备短路保护功能，因此需配短路保护电器(熔断器或断路器)。CB 级配备过电流脱扣器的 ATS，它的主触头能够接通并用于分断短路电流。它是由两台断路器加机械连锁组成的，具有短路保护功能。

控制器主要用来检测被监测电源(两路)的工作状况，当被监测的电源发生故障(如任意一相断相、欠压、失压或频率出现偏差)时，控制器发出动作指令，开关本体则带着负载从一个电源自动转换至另一个电源，备用电源的容量一般仅是常用电源容量的 20%～30%。

二、常见的低压配电电器

1. 低压刀开关(QK)

低压刀开关如图 2-39 所示，它适用于交流频率为 50 Hz、额定交流电压为 380 V(直流电压为 440 V)、额定电流为 1500 A 以下的配电系统，作不频繁手动接通和分断电路或隔离电源以保证安全检修之用。

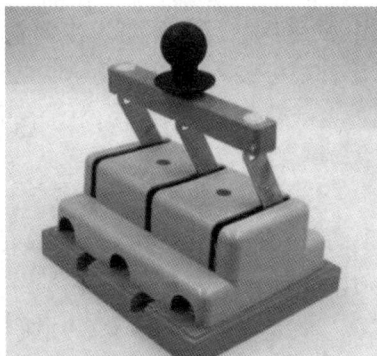

图 2-39　低压刀开关

根据其工作原理、使用条件和结构形式的不同可分为：开启式负荷开关(胶盖瓷底刀开关 HK1、HK2、TSW 系列等)、封闭式负荷开关(铁壳开关 HH3、HH4 系列等)、隔离刀开关(HS13、HD11 系列等)、熔断器式刀开关(HR3 系列等)和组合开关(HZ10 系列等)。

2. 低压熔断器

低压熔断器如图 2-40 所示，它在低压配电电路中主要用于短路保护和过负荷保护。低压熔断器串联在电路中时，当通过的电流大于规定值时，以它本身产生的热量，使熔体熔化而自动分断电路。熔体熔断后必须更换。

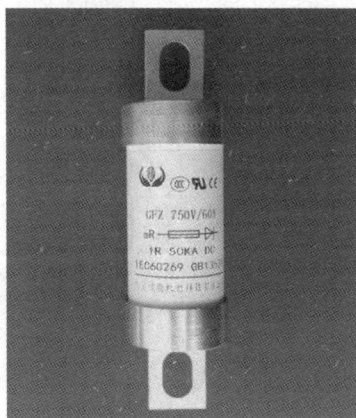

图 2-40　低压熔断器

熔断器主要由熔体和安装熔体的熔管或熔座以及底座等部分构成。熔体是熔断器的主要部分，常做成丝状或片状。熔体的材料有两种：一种是低熔点材料，如铅、锌、锡以及锡铅合金等；另一种是高熔点材料，如银和铜。熔管是熔体的保护外壳，在熔体熔断时兼有灭弧的作用。

每一种熔体都有两个参数，即额定电流与熔断电流。额定电流是指长时期通过熔体而不熔断的电流值。熔断电流通常是额定电流的 2 倍。

一般规定，当通过熔体的电流为额定电流的 1.3 倍时，应在 1 h 以上熔断；当通过额定电流的 1.6 倍时，应在 1 h 内熔断；当达到熔断电流时，应在 30~40 s 熔断；当达到 9~10 倍额定电流时，熔体应瞬间熔断。熔断器的这种保护特性称为熔断器的反时限特性。

熔管有三个参数：额定工作电压、额定电流和断流能力。当熔管的工作电压大于额定电压时，熔体熔断时可能出现电弧不能熄灭的危险。熔管的额定电流是由熔管长期工作允许温升所决定的电流值，所以熔管中可装入不同等级额定电流的熔体，但所装入熔体的额定电流不能大于熔管的额定电流值。断流能力是表示熔管在额定电压下断开故障电路时所能切断的最大电流值。

熔断器的选用原则：

(1) 根据配电系统可能出现的最大故障电流值，选用具有相应分断能力的熔断器。

(2) 在电动机回路中用作短路保护时，为避免熔体在电动机启动过程中熔断，对于单台电动机，熔体额定电流≥(1.5~2.5)×电机额定电流；对于多台电动机，总熔体额定电流≥(1.5~2.5)×容量最大一台电动机的额定电流 + 其余电动机的负荷电流。

(3) 照明回路，熔体的额定电流值按等于或稍大于负载额定电流配置。其他回路，熔体的额定电流值按不大于最大负荷电流值的 2 倍配置。

(4) 各级熔断器应相互配合，上一级应比下一级的熔体额定电流大。对于 NT 型熔断器，前后级熔断器的额定电流比为 1.6∶1；对于 RT0 型熔断器，前后级熔断器的额定电流比为 (2~2.5)∶1。

3. 接触器

接触器如图 2-41 所示，适用于频繁接通和分断交流、直流主电路及大容量控制电路中。接触器可分为交流接触器和直流接触器两种。接触器由主触头、灭弧系统、线圈及电磁系统、辅助触头和支架等组成。接触器不具备过电流保护功能，因此在电路中要与断路器或熔断器配合使用。

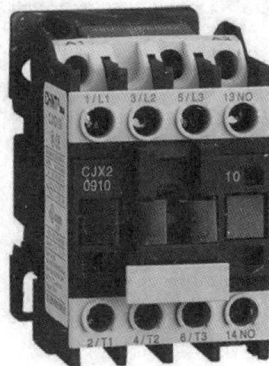

图 2-41　接触器

交流接触器的额定电流，应根据被控制设备的运行情况来选择：对连续运行的用电设备，一般按实际最大负荷占交流接触器额定容量的 67%～75%来选取；对于间断运行的用电设备，一般按实际最大负荷占交流接触器额定容量的 80%来选取。

用于低压无功功率补偿投切电容的交流接触器，应选用专用电容接触器，其主触头经过特殊设计和处理，能可靠地投切电容。

4. 低压断路器

低压断路器(QF)又称低压自动开关、自动空气开关或空气开关，习惯上简称空开，如图 2-42 所示。其主要用于保护额定电流不超过 125 A，交流电压为 500 V 或直流电压为 400 V 以下的低压配电网和电力拖动系统中常用的一种配电电器。

图 2-42　低压断路器

它既能带负荷接通和切断电源，又能在短路、过负荷时自动跳闸，保护电力线路和设备，在故障排除后可重新合闸恢复供电而不需更换，维护简单，恢复供电快，寿命长。应用广泛，适用于正常情况下不频繁操作的电路。

在日常通信勘察中，常见的空开厂家包括良信(Nader)、施耐德(Schneider)、ABB、德力西(DELIXI)、西门子(SIEMENS)、正泰(CHNT)等。

自动空气开关按极数，可分为单极，两极、三极和四极。常见的空气开关有 1P(单相控制，只保护一根火线，适用于照明或小功率电压为 220 V 的电器)、2P(两相控制，用于一火一零的接线，用于电压为 220 V 的电动机)、3P(三相控制，用于三根火线(即 380 V)的接线，一般用于电压为 380 V 的电器)、4P(三相加零线控制，用于三火一零的接线，通常用作总开关)。空气开关的模数指的就是空气开关的大小，也就是它在配电箱内占据的尺寸，具体指的是断路器宽度的一个基数，基数为 9 mm，模数一般都是 9 mm的倍数。1P 断路器就是一个模数，宽度是 18 mm；1P 就是 1 根线进出，2P 就是 2 根线进出，以此类推。

按保护形式，可分为电磁脱扣器式，热脱扣器式，复合脱扣器式(常用)和无脱扣器式。

按瞬时脱扣器类型，可分为 B 型、C 型、D 型，主要是用于控制不同型式的负载。小型断路器的额定电流不以"A"来表示，而是用字母和数字结合的方式来表示。比如 C40就代表额定电流值是 40 A，瞬时脱扣器类型为 C 型。

按全分断时间可分一般和快速式(先于脱扣机构动作，脱扣时间在 0.02 s 以内)；

按结构形式可分为塑壳式(装置式)、框架式(万能式)、限流式、直流快速式、灭磁式和漏电保护式。塑料外壳式为 DZ 系列，框架式为 DW 系列。

目前家庭使用 DZ 系列的空气开关(带漏电保护的小型断路器)，常见的有以下型号/规格：C16、C25、C32、C40、C60、C80、C100、C120 等规格。其中，C 表示脱扣电流，即起跳电流。例如，C32 表示起跳电流值为 32 A，一般安装 6500 W 热水器要用 C32，安装 7500 W、8500 W 热水器要用 C40 的空开。

工业动力电路常用空气开关型号有 DW 和 DZ 型，分为 20，32，50，63，80，100，125，160，250，400，600，800，1000 A。

一般小型空气开关规格主要以额定电流分为 6 A，10 A，16 A，20 A，25 A，32 A，40 A，50 A，63 A，80 A，100 A 等。

低压断路器的命名方式如图 2-43 所示。

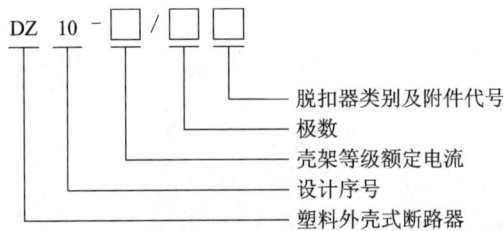

图 2-43　标识意义

例如，DZ10-100/330 Ie = 60 A，按照命名规则，各部分表示含义如下：

DZ—塑料外壳式断路器，10—设计序号，100—壳架等级，第一个 3—极数(即三相)，第二个 3—脱扣形式(0—无脱扣器，1—热脱扣器式，2—电磁脱扣器式，3—复式)，0—有无辅助触头(0—无辅助触头，2—有辅助触头)，Ie = 60 A—过电流调节额定电流。

选用低压断路器的一般原则是：U_e 不小于电源和负载的额定电压，I_n 不小于线路实际的工作电流，I_{cu} 或 I_{cs} 不小于线路可能出现的最大预期短路电流(通常 $I_{cu} > I_{cs}$)。断路器分断 I_{cu} 后，不能再继续承载额定电流，必须更换；如果短路电流小于 I_{cs}，则断路器可以继续使用，不需更换。其中：

(1) 额定电压 U_e：指在规定条件下正常长期运行的最大工作电压，常指线电压。

(2) 额定电流 I_n：指在规定条件下长期通过的最大电流，又称脱扣器的额定电流。

(3) 额定运行短路分断能力 I_{cs}：指规定条件下分断短路电流的能力，在分断动作后，断路器能继续承载它的额定电流。

(4) 额定极限短路分断能力 I_{cu}：指规定条件下分断短路电流的能力，但在分断动作后，断路器不继续承载它的额定电流。

选用低压断路器的具体步骤如下：

(1) 计算各分支电流的值。

① 纯电阻性负载，如照明设备等用注明的功率直接除以电压即得，公式 I = 功率/220 V。例如，20 W 的灯泡的分支电流 I = 20 W/220 V = 0.09 A。

② 感性负载，如 UPS、空调等计算稍复杂，要考虑消耗功率，具体计算还要考虑功率因数等。为便于估算，可根据其注明的负载计算出来的电流再翻一倍即可。例如，注明

20 W 的日光灯的分支电流 I = 20 W/220 V = 0.09 A，翻倍为 0.09 A×2＝0.18 A(比精确计算值 0.15 A，多 0.03 A)

(2) 总负荷电流，即为各分支电流之和。知道了分支电流和总电流，就可以选择分支空气开关及总闸空气开关、总保险丝，总电表以及各支路电线的规格，或者验算已设计的这些电气部件的规格是否符合安全要求。

(3) 为了确保安全可靠，电气部件的额定工作电流一般应大于 2 倍所需的最大负荷电流；此外，在设计、选择电气部件时，还要考虑到以后用电负荷增加的可能性，为以后需求留有余量。例如，某单相负载电流为 7.6 A，空气开关型号选择为单极或双极 16 A。某三相负载电流为 49.6 A，空气开关型号选择为三极或四极 100 A。

安装开关时注意，必须手柄朝上扳为接通电源、朝下扳为切断电源，不可装反。

三、低压交流供电系统维护操作

1. 低压交流供电设备的维护基本要求

(1) 引入通信局(站)的交流高压电力线应安装高、低压多级避雷装置。

(2) 当交流用电设备采用三相四线制引入时，零线上不准安装熔断器，在零线上除电力变压器近端接地外，用电设备和机房近端都应重复接地。

(3) 当交流供电应采用三相五线制时，零线上禁止安装熔断器，在零线上除电力变压器近端接地外，用电设备和机房近端都不许重复接地。

(4) 每年检测一次接地引线和接地电阻，其电阻值应不大于规定值。

(5) 当自动断路器跳闸或熔断器烧断时，应查明原因再恢复使用，必要时允许试送电一次。

(6) 熔断器应有备用，不应使用额定电流不明或不合规定的熔断器。

(7) 交流熔断器的额定电流值：照明回路按实际最大负载配置，其他回路不大于最大负载电流的 2 倍。

2. 低压配电设备的巡视、检查的主要内容

(1) 继电器、接触器、开关的动作是否正常，接触是否良好。

(2) 螺丝有无松动。

(3) 仪表指示是否正常。

(4) 电线、电缆、母排运行电流不许超过额定允许值。

(5) 配电设备运行温度不许超过额定允许值(见表 2-7)。

表 2-7　配电设备运行最高允许温度(红外测温仪测试)

名　　称	额定允许温度/℃
刀闸	65
塑料电线、电缆(特殊电缆除外)	65
裸母排	70
电线端子、母排接点	75
油浸变压器上部壳温	85

(6) 熔断器的温升应低于 80℃。

(7) 交流设备三相电流平衡时，各相电路之间相对温差不大于 25℃。

(8) 配电线路应符合以下要求：线路额定电流≥低压断路器(过载)额定电流≥负载额定电流。掌握断路器的合理选择方法，杜绝大开关连接小线路的现象。

(9) 配电系统继电保护必须配套。变压器输出额定电流、低压断路器过载保护额定电流、电流互感器额定电流应在同一等级规格，避免失配过大导致继电保护失效和仪表指示不准。

(10) 禁止使用橡胶防水电缆作为正式配电线路。

3. 低压配电设备的周期维护项目

为了给通信机房提供一个安全可靠的用电环境，每月需要定期对低压配电设备进行维护，以便早发现，早处理，做到防患于未然，具体维护项目如表 2-8 所示。

表 2-8　低压配电设备周期维护项目

序号	项　　目	周期
1	检查接触器、开关接触是否良好	月
2	检查信号指示、告警是否正常	
3	测量熔断器的温升或压降	
4	检查功率补偿屏的工作是否正常	
5	清洁设备	
6	测量刀闸、母排、端子、接点、线缆的温度、温升及各相之间的温差	
7	检查避雷器是否良好	
8	测量地线的电阻值(干季)	
9	检查各接头处有无氧化、螺丝有无松动	
10	校正仪表	
11	检查、调整三相电流不平衡度≤25%	
12	检查、测试供电回路电流不超过线路额定允许值	

4. 低压交流系统常见故障处理方式

(1) 当自动断路器跳闸或熔断器烧断时，应查明原因再恢复使用，必要时允许试送电一次。

(2) 对固定安装的电器开关、器件一旦出现故障或损坏，为保证人身的安全，应停电进行检修或更换。

(3) 若必须在带电情况下进行维护，维护人员应佩戴安全工具及手套，避免相间及相对地短路。并在有人监护下进行。

(4) 对于抽屉式配电屏内的电器开关、器件一旦出现故障或损坏，应利用同容量的备用抽屉更换。

小试牛刀

一、简答题

1. 简述交流供电系统整体规划设计应遵循的原则。

2. 简述低压配电屏的作用。

3. 简述柴油机发电机组的原理及工作过程。

4. 简述 UPS 不停电系统的工作过程。

5. 简述低压交流供电设备维护保养规程。

二、单选题

1. 目前，我国电信系统中采用的 UPS 几乎全部是(　　)。

A. 在线式 UPS　　　　　　　　　B. 后备式 UPS

C. 串并联调整式 UPS　　　　　　D. 在线互动式 UPS

2. 市电停电(无交流输入)时，在线式 UPS 中会停止工作的部件是(　　)。

A. 逆变器　　　　B. 整流器　　　　C. 蓄电池

3. UPS 电源的基本组成部分包括(　　)。

A. 整流模块、静态开关、逆变器、蓄电池

B. 逆变器、防雷模块、整流模块、静态开关

C. 整流模块、功率因数补偿模块、蓄电池、静态开关

4. 不管电网电压是否正常，负载所用的交流电压都要经过逆变电路，即逆变电路始终处于工作状态这种 UPS 称作(　　)。

A. 互动式 UPS　　　　　　　　　B. 后备式 UPS

C. 在线式 UPS　　　　　　　　　D. 串并联调整式 UPS

5. 在线式 UPS 中，由(　　)把整流电压变成交流电压。

A. 整流器　　　　B. 逆变器　　　　C. 充电器

6. 在 UPS 中，由(　　)把直流电压变成交流电压。

A. 整流器　　　　　　　　　　　　B. 逆变器

C. 充电器　　　　　　　　　　　　D. 交流调压器

7. 变电站和备用发电机组构成的交流供电系统一般都采用(　　)。

A. 集中供电方式　　　　　　　　　B. 分散供电方式

C. 混合供电方式　　　　　　　　　D. 交流供电方式

8. 当交流用电设备采用三相四线制引入时，零线(　　)。

A. 不准安装熔断器　　　　　　　　B. 必须安装熔断器

C. 装与不装熔断器均可　　　　　　D. 经批准可以安装熔断器

9. 内燃机按气缸数目分类可分为单缸内燃机和(　　)内燃机。

A. 单缸　　　　B. 二缸　　　　C. 四缸　　　　D. 多缸

10. 二冲程柴油机每发一个冲程的转速相当于四冲程的(　　)倍。

A. 1   B. 2   C. 3   D. 4

三、多选题

1. 当有市电时，UPS 工作正常，一停电就没有输出，可能原因有(　　)。

A. UPS 没有开机，工作于旁路状态

B. 市电不正常

C. 电池开关没有合

D. 电池的放电能力不行，需更换电池

2. 一套设计完善的 UPS 并机冗余供电系统必须具备的功能有(　　)。

A. 锁相同步调节功能   B. 均流功能

C. 选择性脱机"跳闸"功能   D. 环流监控功能

E. 非冗余工作状况报警

3. 按工作原理不同，UPS 分为(　　)。

A. 后备式 UPS   B. 三端口 UPS

C. 在线式 UPS   D. Delta 变换型(串并联调整式)UPS

E. 在线互动式 UPS

4. 导致 UPS 机内过热，所有可能的原因是(　　)。

A. 热继电器连接线松脱   B. 散热风道堵塞

C. 风扇损坏   D. 环境温度高

5. 引起 UPS 并机系统出现环流的原因可能是(　　)。

A. 电压差   B. 相位差   C. 不均流

6. 交流供电系统由(　　)等组成。

A. 专用变电站   B. 市电油机转换屏

C. 交流配电屏   D. 备用发电机组组成

E. 直流配电屏

7. 内燃机按工作循环分类可分为(　　)内燃机。

A. 单冲程   B. 二冲程

C. 三冲程   D. 四冲程

8. 同步电机结构中的定子分为(　　)。

A. 三相定子绕组   B. 转子

C. 定子铁芯   D. 机座

四、判断题

1. 主机-从机型"热备份"UPS 供电方式是在保证多台 UPS 的逆变器电源总是处于同相、同频的跟踪技术下常采用的方案。 (　　)

2. 因为 UPS 有防电池接反功能，所以电池接反了也不会损坏。 (　　)

3. UPS 使用需要后备时间长时，多并上几组电池就可以了。 (　　)

4. 相同容量的 UPS 后备电池，放电电流越小，放电时间越长。 (　　)

5. 停电时，UPS 电池放电到终止电压点时，UPS 可以进行电池保护。 (　　)

6. 1+1 并机冗余系统，当按其中一台 UPS 紧急关机键后，另一台不会转旁路仍然逆

变工作。 （ ）

    7. UPS 后备电池，放电时间越长对电池越好。 （ ）

    8. UPS 投入使用后，不需要对主机和后备电池进行日常维护。 （ ）

    9. 不间断电源设备(UPS)对通信设备及其附属设备提供不间断直流电源。 （ ）

    10. 一般建筑负荷是指一般空调、一般照明以及其他备用发电机组能保证的负荷。（ ）

    11. 每年应检查发电机的启动、冷却、润滑和燃油系统是否正常。 （ ）

    12. 在线式 UPS 的逆变器仅在市电停电时工作，其他时间不必工作。 （ ）

能 力 拓 展

新建通信机房实训室低压交流供电系统设计

为提高师生教学体验感以及提高学生的实践技能，某高校现决定在实训中心大楼新建一通信机房工程实训室。机房内计划放置开关电源一台，为直流通信设备供电使用，满配时电源额定输出功率为 33 kW，此外还配有 5 台服务器主机，45 台电脑主机，5 台交换机和 8 台路由器，均接入 UPS，由其提供交流电，市电故障后，UPS 的蓄电池需要保证续航 3 h，蓄电池输出直流电压为 96 V。已知每台交流负载的额定输出功率分别是：服务器为 600 W，电脑为 300 W，交换机为 60 W，路由器为 60 W。整个机房采用集中供电方式，交流配电屏只接开关电源和 UPS，两设备的功率因素均按 0.8 计算。根据所给定的工程背景，请完成该机房的低压交流供电系统设计。具体任务如下：

(1) 计算出该通信机房需要的 UPS 容量，并在指定的 UPS 主机柜容量标准系列中选取合适的一款。

UPS 主机柜容量标准系列如下：

① 单相输入单相输出设备容量系列：0.5，1，2，3，5，8，10 kV·A；

② 三相输入单相输出设备容量系列：5，8，10，15，20，25，30 kV·A；

③ 三相输入三相输出设备容量系列：10，20，30，50，60，80，100，120，150，200，250，300，400，500，600 kV·A。

(2) 计算出该通信机房需要交流配电柜容量并在指定的标准系列中选择合适的一款。

交流配电屏/箱电流标准系列：50，100，200，400，630，800，1000，1600 A。

(3) 根据该机房的职能和级别，确定机房市电引入的等级和标准。并根据通信机房电源设计安装规范要求，提出交流设备在机房的摆放位置，注明日常使用和维护的注意事项。

项目 2.3
直流供电系统设计与维护

▼

学习情境导入

通信机房中，大部分通信负载，如交换、传输、数据等设备都采用直流电源供电。直流供电系统负责为通信负载提供安全、稳定、可靠的电力保障。本项目中，将主要学习通信机房直流供电系统的整体规划，在介绍具体的直流供电设备如高频开关电源、蓄电池等的同时，学习其容量的估算选择方法，并介绍直流供电设备的维护方式。图 2-44 为通信机房直流供电设备。

图 2-44 直流供电设备

任务分析

由于直流供电系统向通信设备提供直流电源，因此直流供电系统的设计通常与设备负载密切相关，应该综合负载功耗，计算电源设备容量，合理选配设备规格。因此本项目的任务要求考虑以下问题：

(1) 整流器所在的高频开关的电源容量要根据站内设备的总功耗来计算。

(2) 直流供电系统中设置了蓄电池组，可保证不间断供电，蓄电池的容量需要满足负载要求。

(3) 需考虑蓄电池充电和供电方式。目前广泛应用的直流供电方式为并联浮充供电方式。

任务 2.3.1　直流供电系统整体规划

知识引入

高频开关
电源系统

一、直流供电系统的组成

通信局(站)的直流供电系统由整流器、蓄电池组、直流配电、交流配电和相关的馈线电路组成。直流供电系统向各种通信设备、直流-直流变换器(DC/DC)和逆变器(DC/AC)等提供直流不间断电源。图 2-45 所示为直流供电系统结构。

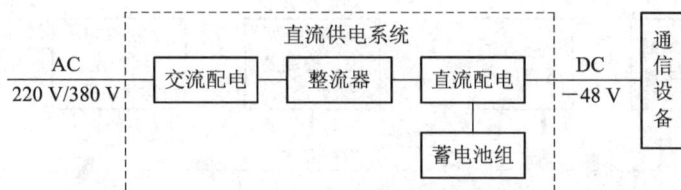

图 2-45　直流供电系统结构

根据通信局(站)规模容量及直流负荷大小、性质、种类的不同，直流供电系统可采用分散式供电和集中式供电方式；另外，根据供电电源种类的不同，直流供电系统又可分为常规式供电和混合式供电。

二、整流器

整流器将低压交流电变成所需的直流电这一过程一般都采用高频开关整流器来实现。高频开关整流器采用无工频变压器整流、功率因数校正电路和脉宽调制高频开关电源技术，具有小型、轻量、高效率、高功率因数、高可靠性以及智能化程度高、可以远程监控、无人或少人值守等优点，现已得到广泛应用。

整流器的交流电源由交流配电屏引入，整流器的输出端通过直流配电屏与蓄电池和负载连接。整流器与蓄电池并联后对通信设备供电。通信用高频开关整流器为模块化结构，其外形、结构如图 2-46 所示。在一个高频开关电源系统中，通常是若干高频开关整流器模块并联输出，输出电压自动稳定，各整流模块的输出电流自动均衡。

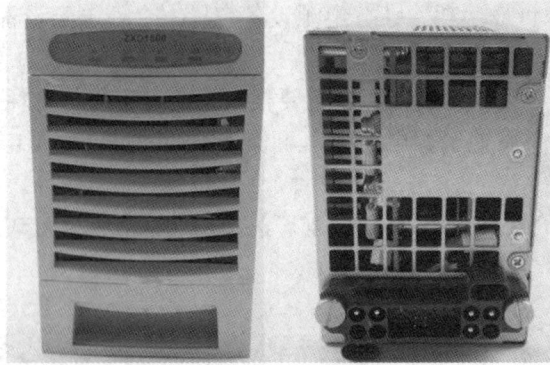

图 2-46　ZXD1500 整流器模块

开关型整流器(switching mode rectifier)的英文缩写为 SMR。通信用高频开关整流器一般为模块化结构，若干整流模块并联运行(输出端并联)，自动均流。整流器(整流模块)的电路组成框图通常如图 2-47 所示。

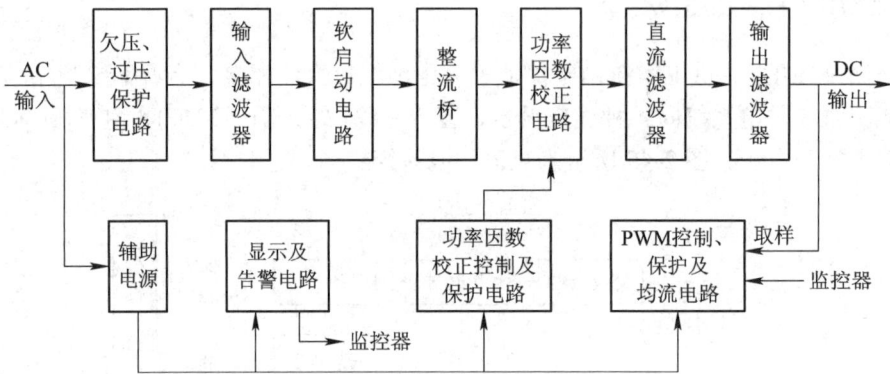

图 2-47　通信用高频开关整流器电路组成框图

1. 输入过压、欠压保护电路

当交流输入电压高于允许输入电压范围的上限时，过压保护电路切断主电路的交流输入；当交流输入电压低于允许输入电压范围的下限时，欠压保护电路使有源功率因数校正电路和 DC/DC 变换器都关闭。当电网电压正常时，整流器应能自动恢复工作。整流模块还应在交流电源输入处接限压型浪涌保护器进行防雷保护。

2. 输入滤波器

输入滤波器用于滤除来自电网的电磁干扰，抗浪涌冲击，并抑制高频开关整流器对交流电网的反灌传导干扰。通常采用具有共模电感的抗干扰滤波器。

3. 软启动电路

软启动电路又称缓启动电路，用以降低开机时的冲击(浪涌)电流，使高频开关整流器由于启动引起的输入冲击电流峰值不大于额定输入电压条件下最大稳态输入电流峰值的150%。软启动时间一般为 3～10 s。

4. 整流桥

整流桥一般采用无工频变压器单相或三相桥式整流电路，把输入交流电压变成单方向脉动直流电压。

5. 功率因数校正电路

功率因数校正电路用于减小高频开关整流器输入电流中的谐波成分，使整流器的输入电流波形接近正弦波并与输入电压同相，功率因数接近 1；同时输出波形比较平滑的直流电压供给直流变换器。

6. 直流(DC/DC)变换器

直流变换器的输入电压为功率因数校正电路输出的直流电压(如 400 V)，输出高频开关整流器的负载所需的稳定且波形十分平滑的直流电压，一般采用 PWM 方式控制。为使高频开关整流器的输出侧与电网隔离，必须采用隔离型直流变换器，以用软开关电路为好。直流(DC/DC)变换器必须具有输出限流的性能。

7. 输出滤波器

输出滤波器用于滤除高频开关整流器输出侧的尖峰和杂波等噪声电压，使整流器输出电压能够满足各项杂音指标要求，对负载不产生电磁骚扰。

8. PWM 控制、保护及均流电路

由 PWM 集成控制器及驱动电路输出驱动脉冲去控制直流变换器。高频开关整流器的输出电压值，除了本身可以控制外，主要由开关电源系统中的控制器来控制。根据机内检测的整流模块直流输出电压、电流和机内温度，在情况异常时由保护电路控制 PWM 集成控制器，实施输出过压、欠压和过温关机保护以及输出限流保护。

并联运行的整流模块通过均流电路使彼此间输出电流自动均衡，偏差应不超过额定输出电流值的 ±5%。

9. 辅助电源

辅助电源提供高频开关整流器中控制电路等部分的直流电源电压，通常采用单端反激变换器。

10. 显示及告警电路

整流模块常用数码管显示其输出电流、电压。当各种保护电路动作时，整流模块用发光二极管等显示各种告警信号，同时将告警信号传送到开关电源系统中的控制器(监控模块)。

此外，采用风冷的整流模块，通常机内设有温控调速电路，使风扇在适宜的转速下工作，可以延长风扇的使用寿命。风扇应能安全方便地从模块中取出，便于维护。

三、蓄电池

蓄电池是一种可以储存电能的化学电源。充电时，电能变成化学能储存于蓄电池中；放电时，化学能变为电能，向负载供电。充电、放电过程是可逆的，可以反复循环许多次。

蓄电池介绍

1. 通信机房中常用的蓄电池

蓄电池可分为酸性电解液的铅酸蓄电池和碱性电解液的碱性蓄电池，通信局(站)一般

采用阀控式密封铅酸蓄电池。阀控式密封铅酸蓄电池在使用中无酸雾排出，不会污染环境和腐蚀设备，可以和通信设备安装在同一机房，平时维护也比较简便。这类蓄电池中无流动的电解液，体积较小，可立放或卧放工作，蓄电池组可以进行积木式安装，节省占用空间，如图 2-48 所示。因此其在通信局(站)中得到了广泛应用。

图 2-48　通信机房中的蓄电池组

2. 蓄电池的型号命名

根据 YD/T799—2010《通信用阀控式密封铅酸蓄电池》标准规定，蓄电池的型号命名以汉语拼音字母表示，命名方法如图 2-49 所示。

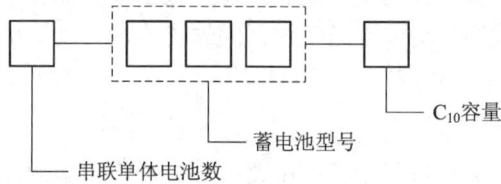

注：串联单体电池的个数为1时，该位省略。

图 2-49　蓄电池的型号命名方法

命名示例如图 2-50 所示。

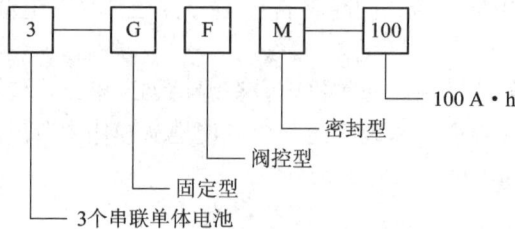

图 2-50　蓄电池的型号命名示例

3. 阀控式密封铅酸蓄电池的结构

阀控式密封铅酸蓄电池由电池槽、正负极板组、电解液、隔板、溢气阀(安全阀)等部分组成。其结构如图 2-51 所示。

正负极板组由单片正极板和单片负极板分别用汇流条焊接而成。单片极板由板栅和它支撑的疏松活性物质构成，板栅用无锑或超低锑铅合金铸造而成，正极板上的活性物质是二氧化铅(PbO_2)，负极板上的活性物质是绒状铅(Pb)。电解液为稀硫酸(H_2SO_4)，其作用是浸润正负极板上的活性物质，参与电极化学反应，并形成导电粒子。

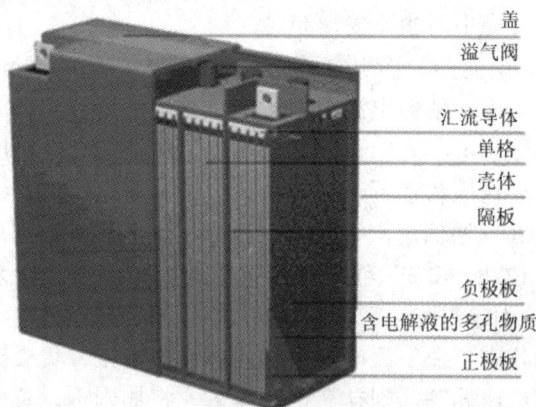

图 2-51 阀控式密封铅酸蓄电池结构

电池槽由槽壳、槽盖所组成，用于盛装正负极板组、电解液及附件等。电池槽材料应绝缘、阻燃、不渗漏、不变形。槽壳与槽盖必须密封，以杜绝电解液或气体的泄漏。槽盖上没有单向安全阀，用于泄放高压盈余气体，避免电池槽发生炸裂；正常使用时保持气密和液密的状态；当内部气压超过预定时，安全阀自动开启，释放气体；当内部气压降低后，安全阀自动闭合使电池密封。在使用寿命期间不用补加水或电解液。此外，引出端子(正、负极)也设在槽盖上。

4. 蓄电池的容量

充足电后的蓄电池放电到规定的终止电压所能供应的电量(电流与时间的乘积)，称为蓄电池的容量，用 C 表示，单位为 $A \cdot h$，即安培 × 小时。

固定型铅酸蓄电池的额定容量，是指环境温度为 25℃，电池以 10 h 率(10 Hr)的恒定电流放电到终止电压 1.8 V 时所能放出的电量，用 C_{10} 表示。10 h 率电流为

$$I_{10} = \frac{C_{10}(A \cdot h)}{10(h)} = 0.1C_{10}(A)$$

例如，额定容量为 1000 $A \cdot h$ 的蓄电池，表示它充足电后，在 25℃ 的条件下，以 100 A 的电流放电，放电到规定终止电压 1.8 V/单体时，能够放电 10 h。

根据 YD/T799—2010《通信用阀控式密封铅酸蓄电池》标准规定，蓄电池的放电终止电压应符合表 2-9 的规定；此外 10 h 率容量第一次循环应达到 $0.95C_{10}$；在第三次循环之前，10 h 率容量应达到 C_{10}，3 h 率容量应达到 $0.75C_{10}$，1 h 率容量应达到 $0.55C_{10}$。

表 2-9 蓄电池的放电率与放电中止电压

放电率	蓄电池放电的终止电压(单体)/V
10 h 率	1.80
3 h 率	1.80
1 h 率	1.75

5. 蓄电池的充电

蓄电池的运行有充放电、半浮充和全浮充三种工作方式，通信局(站)现在都采用全浮充工作方式，即整流器与蓄电池组并联向负载(通信设备等)供电。正常情况下蓄电池组始终同整流器和负载并联，充电时也不脱离负载。

平时(交流电正常时)整流器的输出电压值为浮充电压。此时整流器供给全部负载电流，并对蓄电池组进行补充充电，使蓄电池组保持电量充足。为补充自放损失的电量，使蓄电池保持电量充足的连续小电流充电称为浮充充电，所需的充电电压称为浮充电压。浮充供电的整流器，应在自动稳压状态下工作。

根据 YD/T799—2010《通信用阀控式密封铅酸蓄电池》标准规定，环境温度为 25℃，蓄电池浮充充电电压为(2.20～2.27 V)/单体。蓄电池充电温度补偿系数宜为(-3～-7 mV)/(℃·单体)。若浮充电压偏低，则补充充电电流太小，不够补充蓄电池的自放电，将使蓄电池长期处于充电不足的状态，在交流电停电时还容易导致正、负极板硫酸盐化，缩短蓄电池的使用寿命；若浮充电压偏高，则补充电流偏大，将加剧正、负极板的腐蚀，甚至造成蓄电池过热失控，也会缩短蓄电池的使用寿命。

当蓄电池在放电后再次投入使用前一般应进行补充充电，其中整流器以稳压限流的方式运行，并且蓄电池组不脱离负载，进行在线充电(蓄电池组脱离负载进行充电叫离线充电)。这种方式叫作恒压限流充电。蓄电池最大充电电流不大于 $0.25C_{10}$，最大补充充电电压不大于 2.40 V/单体。

此外，蓄电池组中所有单体电池的电压达到均匀一致的充电，称为均衡充电(简称均充)。对蓄电池进行均衡充电的电压，称为均充电压。现在通常以恒压限流方式进行均衡充电，均充电压比浮充电压高。根据 YD/T799—2010《通信用阀控式密封铅酸蓄电池》标准规定，蓄电池均衡充电单体电压为 2.30～2.40 V。

6. 蓄电池的放电

现在通信设备的耗电电流基本固定，因此电池在放电时基本可以认为是恒流放电。下面介绍放电率和放电终止电压两个参数的概念。

放电率：放电率是针对蓄电池放电电流大小而言的，用时间率或电流率表示。放电时间率是指在一定放电条件下，放电到终了电压的时间长短。依据 IEC 标准，放电时间率有 20、10、5、3、1、0.5 等小时率及分钟率，分别表示为：20 Hr、10 Hr、5 Hr、3 Hr、1 Hr、0.5 Hr 等；放电电流率是为了比较蓄电池放电电流大小而设立的，通常以 10 Hr 电流为标准电流，用 I_{10} 表示，3 Hr、1 Hr 等放电电流则分别以 I_3、I_1 等表示。

放电终止电压：放电终止电压也称为放电终了电压，是蓄电池以一定的放电率在 25℃环境温度下，放电至能再反复充放电正常使用的最低电压。当固定型阀控式密封铅酸蓄电池放电电流为 $0.1C_{10}(A)$～$0.3C_{10}(A)$ 时，放电终止电压为 1.8 V。当放电电流升高时，放电终止电压则可稍微降低。

一只电量充足、性能良好的阀控式密封铅酸蓄电池以 10 h 率电缆($0.1C_{10}$)放电时，其端电压变化曲线如图 2-52 所示。

电量充足、性能良好的 48 V 阀控式密封铅酸蓄电池组在 25℃条件下以 10 h 率电流放电时，其端电压的变化情况大致是：放电大约半小时端电压快速降至 49 V 左右，放电 1 h

端电压降至约 48 V，即图中 *O-E* 段曲线所示；端电压下降速度很慢、基本保持 48 V 端电压的时间大约 7～8 h 即图中 *E-F* 段曲线所示；此后端电压下降速度比较快，降至 43.2 V 时(即图中 *G* 点)，即达到放电终止电压，应立即停止放电。蓄电池组停止放电后，其端电压会反弹，电压上升约 5 V，这是由于放电时端电压为电池组的电动势与内压降之差，而放电停止后端电压等于电池组的电动势，并且正、负极板微孔中的电解液密度在停止放电前后有所变化，使电动势也有些变化。

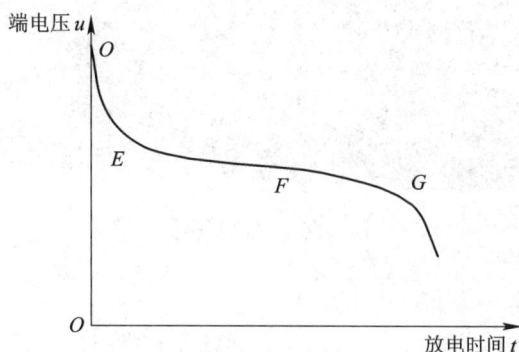

图 2-52　蓄电池放电端电压变化曲线

四、直流-直流变换器

直流-直流变换器是可以将直流电变为另一固定电压或可调电压的变换电路，按照功能可分为升压变换器、降压变换器和升降压变换器。目前通信设备的直流基础电源电压规定为 −48 V、240 V、336 V 等，基础电源可通过直流-直流变换器变换到相应电压种类的直流电源，以供实际使用，如图 2-53 所示。

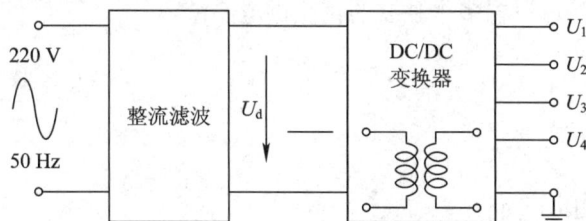

图 2-53　直流-直流变换器

五、直流配电屏

直流配电屏把整流器的输出端、蓄电池组和负载全连接起来，构成全浮充工作方式的直流不间断电源供电系统，并对直流供电进行分配、通断控制、监测、告警和保护。

在大容量的通信用高频开关电源系统中，直流配电屏是其中的一个独立机柜；在组合式高频开关电源设备中，没有单独的直流配电屏，但必须有直流配电单元。机柜中应能接入两组并联的蓄电池。直流配电屏设备图如图 2-54 所示。

直流配电屏按照配电方式的不同，分为低阻配电和高阻配电两种。大多数通信设备采用低阻配电，低阻配电屏的输出分路较少，每个输出分路的馈电线截面积应足够大，使输出馈线上的压降小于规定值。

图 2-54 直流配电屏

六、直流供电的方式

根据 YD/T1051—2018 规定，直流供电应采用全浮充方式，在交流电源正常时经由整流器与蓄电池组并联浮充工作，对通信设备供电。当交流电源停电时，由蓄电池组放电供电，在交流电恢复后，应对蓄电池组实行带负荷恒压限流充电的供电方式。当通信局(站)利用峰谷电价差，当采用移峰填谷运行方式时，则宜选用适合快速充电、循环应用的蓄电池。

通信局(站)直流供电方式应保证稳定可靠供电，电源设备应靠近通信设备布置，使直流馈电线长度尽量缩短，以降低电能消耗并减少安装费用。供电系统的组成和电源设备的布置应当在通信局(站)增容时，电源设备能相应和灵活地扩充容量，并有利于设备的安装和维护。

此外，通信局(站)可设置多个独立的直流供电系统。

⚙ 任务实施

一、直流基础电源的选定

向各种通信设备和二次变换电源设备或装置提供直流电压的电源，称为通信局(站)用直流基础电源。YD/T1051—2018《通信局(站)电源系统总技术要求》规定，通信局(站)用直流基础电源电压有 −48 V、240 V、336 V 等，如表 2-10 所示。

表 2-10 通信局(站)用直流基础电源电压标准及技术指标

电 源 电 压 /V		−48		
		240		
		336		
通信设备的受电端子处电压允许变动的范围	标称电压/V	−48	240	336
	电压允许变动的范围/V	−40～−57	192～288	260～400

其中，通信网络接入侧站点采用 -48 V 直流供电或交流供电，通信网络侧局(站)优先采用 240 V、336 V 直流基础电源。原有 -48 V 直流基础电源逐步向 240 V、336 V 直流基础电源过渡。随着电源设备技术和通信设备技术的协调发展，通信网络侧 ICT 设备可以采用由低压交流基础电源与 240 V、336 V 直流基础电源组成的双路混合供电方式。

二、直流供电设备的选配

1. 直流配电屏

直流配电屏用来对直流电能进行分配、监控、保护，直流配电屏内各路都设有防雷和熔丝、空开保护，可以对每路电压电流进行监控，可以远程通信。在通信机房中，当直流通信设备数量多、容量大时，需要使用直流配电屏进行配电。选配直流配电屏时应注意：

(1) 利用直流配电屏进行直流配电时，需要在电源端和负载侧分别安装低压、高分断能力熔断器，对电气设备进行过载保护和短路保护。一般来讲，直流熔断器的额定电流值应不大于最大负载电流值的 2 倍，且负载侧熔断器额定电流应比电源侧小。

(2) 通信专业机房列头柜接入主、备用电源的，任何一路容量应能承担本柜全部负载。直流配电屏的容量要根据建设单位提供的远期规划设备的直流总功耗来进行计算。

2. 高频开关电源的选配

高频开关电源是交、直流输出混合柜，既有交流输出单元，又有直流输出单元，开关电源的容量要根据站内设备的总交、直流功耗计算，高频开关电源中的整流模块的总容量应满足通信负荷功率和蓄电池组的充电用功率。高频开关电源的容量估算与选择方法详见任务 5.2。

3. 蓄电池的选配

在无人值守的通信局(站)中，蓄电池容量应考虑下列综合因素：接到故障信号应有一定的准备时间，从维护点到无人站的行程时间、故障排除的时间；在有延时启动的油机发电机组的局(站)，应保证延长时间不超过电池放出容量 20% 的储备容量对应的时间；太阳能无人值守局(站)的蓄电池组容量选配时应考虑连续阴雨的时间。蓄电池的容量估算与选择方法详见任务 2.3.3。

4. 直流-直流变换器的选配

根据 YD/T1051—2018 规定，直流-直流变换器设备的参考配置：同型号、同容量的变换器可多台并联使用，主用变换器的总容量应按最大负荷电流确定。变换器的数量应采用 $N+1$ 热备用的冗余配置方式。

任务2.3.2　高频开关电源的容量估算与选择

高频开关电源架的容量估算与设备选型

📖 知识引入

通信用高频开关电源系统由交流配电部分、AC/DC 变换部分(整流器)、直流配电部分和监控器(又称监控模块、监控器或控制器)组成。其系统图如图 2-55 所示。

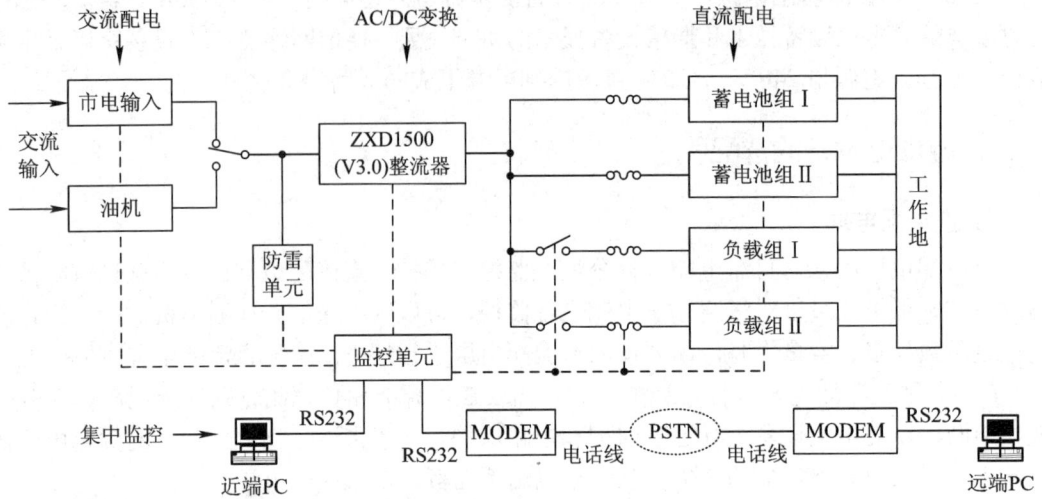

图 2-55　通信用高频开关电源系统图

在大容量的高频开关电源系统中，有独立的交流配电屏、整流器机柜(插入整流模块)和独立的直流配电屏，监控器装设在直流配电屏或整流器机柜上。

在组合式高频开关电源设备中，包含交流配电单元、整流模块、直流配电单元和监控器。根据开关电源容量大小和使用要求的不同，其结构形态有机柜式、壁挂式和嵌入式，嵌入式开关电源可以嵌入 19 inch(注：1 inch≈2.54 cm)机架中，其总体结构如图 2-56 所示。

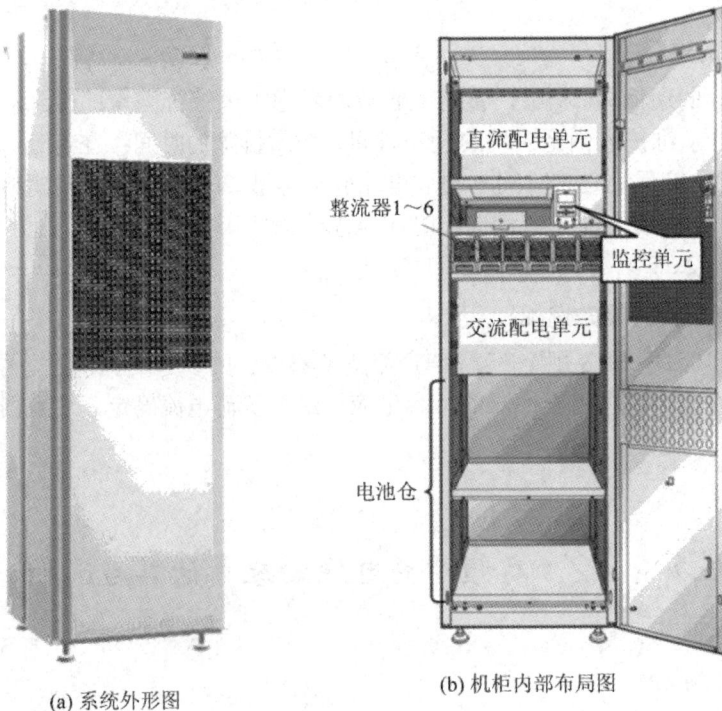

(a) 系统外形图　　　　(b) 机柜内部布局图

图 2-56　组合式开关电源设备总体结构

高频开关电源的交流配电单元主要负责将输入三相交流电分配给多个整流模块(一般用单相交流电居多)，其交流输入常采用三相五线制，即 A、B、C 三根相线和一根零线 N、一根地线 E。交流配电单元中接有避雷器，以保护后面的电器免遭高电压的冲击，再接有三个空气开关控制三相交流电的输入与否。交流配电单元外观如图 2-57 所示。

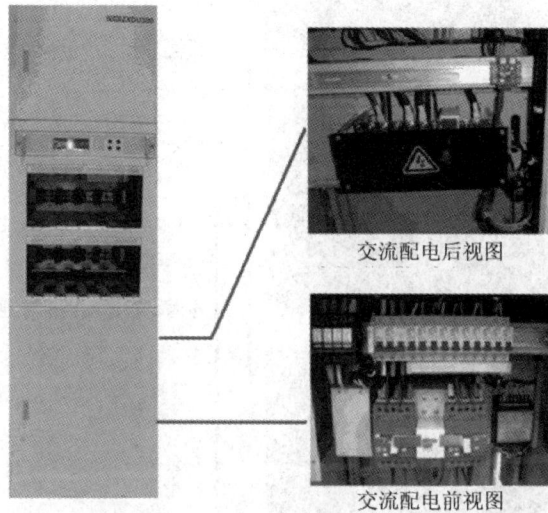

图 2-57　交流配电单元外观图

整流模块部分能够将交流转换成符合通信要求的直流电。通信机房的供电要求输出的直流电压要稳定、输出电压应在一定范围内可以调节，以满足其后并接的蓄电池充电电压的要求。此外，整流模块应具有均流功能，因此多个整流模块并联工作，需合理分配负载电流。为保护系统用电安全，整流模块还应具有选择性过电压停机功能，当其中某个整流模块出现输出高压时，该模块能正常退出而不影响其他模块的工作。整流模块外观如图 2-58 所示。

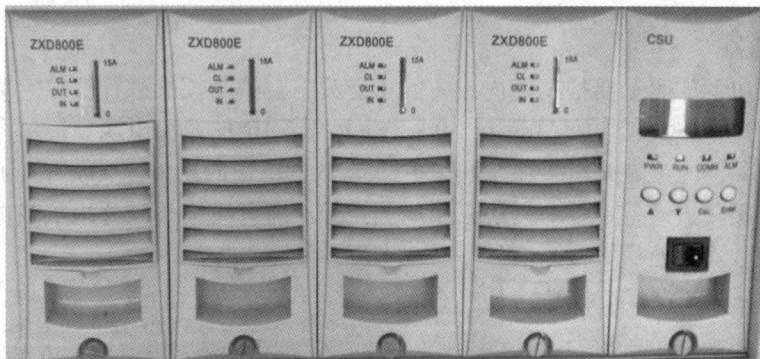

图 2-58　整流模块外观图

直流配电单元负责将蓄电池组接入系统与整流模块并联输出，再将一路不间断的直流电分成多路后分配给各种容量的直流通信负载。直流配电单元配有一组或两组蓄电池，在相应线路中接有熔丝保护和测量线路电流的分流器。直流配电单元外观如图 2-59 所示。

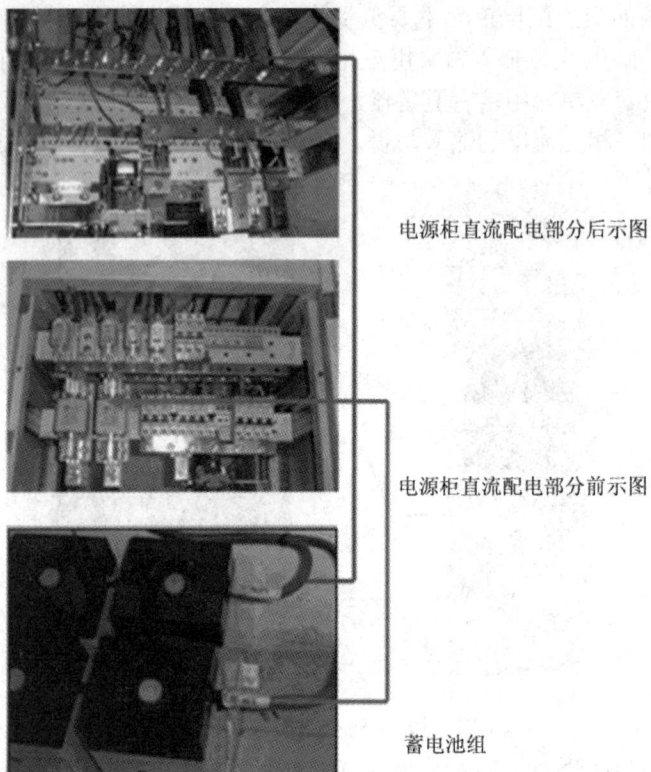

电源柜直流配电部分后示图

电源柜直流配电部分前示图

蓄电池组

图 2-59　直流配电单元外观图

任务实施

一、高频开关电源的容量计算方法

1. 基本配置原则

高频开关电源的容量要根据站内设备的总交流、直流功耗来进行计算。基站机房用的开关电源一般单个整流模块为 30 A 或 50 A，较大局(站)用的开关电源一般单个整流模块为 100 A。有很多厂家生产的基站用高频开关电源有二次下电的功能，一般一次下电接无线设备，二次下电接传输设备。整流模块采用均流技术，所有模块共同分担负载电流，一旦其中某个模块失效，其他模块再平均分摊负载电流。

2. 计算方法

电源系统中整流模块根据 $N+1$ 冗余配置原则，主用整流模块的数量 N 由式(2-1)计算：

$$N = \frac{I_\mathrm{L} + I_\mathrm{c}}{I_{\text{单体额定输出}}} \tag{2-1}$$

式中：I_L 为负载总电流；I_c 为蓄电池的充电电流；$I_{\text{单体额定输出}}$ 为所选单体的额定输出电流。

除无人站外，主用整流器的总容量应按负荷电流和电池的均充电流(10 h 率充电电流)之和来确定。整流模块单体的配置主要由以下三方面共同决定：

(1) 电源系统所带负载总电流的大小。

(2) 蓄电池的充电电流的大小(电池容量 × 25%)。

(3) 按 $N+1$ 原则配置整流模块的数量,其中 N 个主用,当求得的 $N\leqslant 10$ 时,配置整流模块数为 $N+1$;当求得的 $N>10$ 时,每 10 个模块加配 1 个。

二、高频开关电源的容量计算举例

【**例 4**】 ××移动工程规划某基站内远期配置基站设备 3 架,每机架需要的输入电流为 27 A;SDH155/622M 1 端,每端需要的输入电流为 10 A;500 A·h 的蓄电池 2 组;基站内照明用电的电流按 2 A 计算。求高频开关电源容量及整流模块单元单体配置数量(单体模块容量为 50 A)。

解 此基站内负载总电流为

$$I_{总} = I_{基站} + I_{传输} + I_{电池充电} = (27\times3+1\times10+2\times500\times25\%)A = 341\,A$$

因为

$$P_{开关电源输入} \times 0.85 = P_{基站总输出}$$

式中,0.85 表示高频开关电源功率因数的取定值,所以

$$P_{开关电源输入} = \frac{P_{基站总输出}}{0.85} = \frac{48\times341+220\times2}{0.85}\,W \approx 19\,774\,W$$

$$高频开关电源容量 = \frac{19\,774}{48}\,A \approx 412\,A$$

故高频开关电源规格应选择 48 V/450 A。

由于单体整流模块容量为 50 A,则

$$N = \frac{341}{50} \approx 6.82$$

取整流模块数量 $N=7$。考虑 $N+1$ 备份,即按 8 个配置(满配置),故此工程远期应按 8 个整流模块配置。

任务 2.3.3　蓄电池的容量估算与选择

任务实施

蓄电池介绍

一、蓄电池容量估算

1. 基本配置原则

直流供电系统的蓄电池一般配置两组,容量不足时可并联,并联组数最多不要超过 4 组。不同厂家、不同容量、不同型号、不同时期的蓄电池严禁并联使用。

此外,蓄电池的选择原则是按近期考虑,即蓄电池的容量只需满足当前负载的要求。

考虑远期发展时需依据蓄电池的寿命进行规划。

参照 GB51194—2016 中通信局(站)蓄电池组配置情况，根据蓄电池组所在局(站)类别以及局(站)市电供电类别，蓄电池组的总放电时间应满足表 2-11 所示的规定。

表 2-11　蓄电池组总放电小时数配置表

市电类别	局(站)类别							
	一类局(站)	二类局(站)		三类局(站)		四类局(站)		
		国家级干线光缆、微波无人传输站	其他局(站)	省级干线光缆、微波无人传输站	其他局(站)	移动通信基站		其他局(站)
						无线设备	传输设备	
一类	0.5①	—	0.5①	—	—	1	2~4	—
二类	1	②	1	②	1~3	1~3	12	1~3
三类	—	②	2~3	②	2~4	2~4	20	2~4
四类	—	②		②		3~5	24	—

注：(1) 在一、二类局(站)类别中，互联网数据中心的蓄电池组放电时间可降低，但不宜低于 10 min。其他类别局(站)交流供电系统满足自动化切换时，蓄电池组放电时间不宜低于 15 min。

(2) 无人通信局(站)的电池放电小时数应根据以下因素考虑确定：

① 使用无人值守柴油发电机组的局(站)；

② 接到故障信号后应有不超过 1 h 的准备时间；

③ 从维护点到无人站的行程时间；

④ 一般不超过 3 h 的故障排除时间；

⑤ 如果夜间不派技术人员检修，则考虑留有一般不超过 12 h 的最长等待时间；

⑥ 对配备有延时启动性能的备用发电机组的局(站)，延时时间应能保证电池放电容量不超过 20% 的储备容量。

⑦ 使用太阳能供电的局(站)，放电小时数按当地连续阴雨天数来计算。

2. 蓄电池容量计算

蓄电池组总容量应按式(2-2)计算：

$$Q \geqslant \frac{KIT}{\eta[1 + \alpha(t - 25)]} \tag{2-2}$$

式中，Q 为蓄电池组总容量(A·h)；K 为安全系数，取 $K = 1.25$；I 为蓄电池组单独放电时应满足的最大负载电流(A)；T 为蓄电池组单独放电时应满足的放电时间(h)；η 为放电容量系数，与放电时间有关，其取值见表 2-12；α 为电池温度系数(1/℃)，当放电小时率≥10 时，取 $\alpha = 0.006$，当 10>放电小时率>1 时，取 $\alpha = 0.008$，当放电小时率≤1 时，取 $\alpha = 0.01$；t 为电池放置地最低环境温度，有采暖设备时按 15℃ 考虑，没有采暖设备时则按 5℃ 考虑。

表 2-12　铅酸蓄电池放电容量系数(η)表

电池放电小时数/h		0.5			1		2	3	4	6	8	10	≥20
放电中止电压/V		1.65	1.70	1.75	1.70	1.75	1.80	1.80	1.80	1.80	1.80	1.80	≥1.85
放电容 量系数	防酸电池	0.38	0.35	0.30	0.53	0.50	0.40	0.61	0.75	0.79	0.88	0.94	1.00	1.00
	阀控电池	0.48	0.45	0.40	0.58	0.55	0.45	0.61	0.75	0.79	0.88	0.94	1.00	1.00

3. 蓄电池的选择

工程上，蓄电池宜分两组安装，此时每组电池的额定容量按计算容量的 1/2 来选择，蓄电池的总容量应略大于计算容量。目前通信设备多采用宽电压范围供电，因此，对于 −48 V 电源系统，可选择 24 个电池。

二、蓄电池容量计算举例

【例 5】　某机房有基站设备需要的输入电流为 27 A、传输设备需要的输入电流为 20 A、数据设备需要的输入电流为 20 A，假设 K 取 1.25，放电时间 T 为 3 h，$t = 5℃$。试计算蓄电池组满足为这些设备供电所需的容量。

解　根据蓄电池容量的计算公式

$$Q \geqslant \frac{KIT}{\eta[1 + a(t - 25)]}$$

查表 2-12 得 $\eta = 0.75$，将各类数据代入上式，其中 $I = (27 + 20 + 20)$ A $= 67$ A，则

$$Q \geqslant \frac{KIT}{\eta[1 + a(t - 25)]} = \frac{1.25 \times 67 \times 10}{0.75 \times [1 + 0.006 \times (5 - 25)]} \text{A·h}$$

计算得

$$Q = \frac{837.5}{0.66} \text{A·h} \approx 1269 \text{ A·h}$$

故蓄电池的容量选择为 1400 A·h，蓄电池组平时使用 2 组，则每组容量为 700 A·h。

在安装时，因为蓄电池组较重，需要分层安装，一般高层基站会根据设备按一层或二层安装。

任务 2.3.4　直流供电设备的维护

任务实施

直流供电
设备维护

一、蓄电池的维护

1. 蓄电池运行环境要求

阀控式密封铅酸蓄电池能在环境温度为 −15～+45℃、相对湿度为 10%～80% 的条件下

使用。在通信局(站)，它宜放置在有空调的机房内(房间有定期通风换气装置)，机房温度不宜超过 30℃，不宜低于 5℃(最佳运行温度为 20～25℃)。除防酸隔爆电池必须专设电池室外，其他类型不专设电池室。

蓄电池的放置应避免阳光对蓄电池直射，朝阳窗户应作遮阳处理。蓄电池应离热源 2 m以上；蓄电池组中各电池应温度均匀，温差不超过 5℃。应确保蓄电池组之间、蓄电池组与其他设备之间有足够的维护通道，距离不小于 500 mm。装设蓄电池的地面承重应满足要求。机房的地面承重一般为 300～600 kg/m^2，应弄清所在机房允许的地面承重，蓄电池组的安装必须保证地面承重安全。

2. 蓄电池维护的一般要求

(1) 每组至少选 2 个标示电池，作为了解全组工作情况的参考。

(2) 不同规格的蓄电池禁止在同一直流供电系统中使用；不同年限的蓄电池不宜在同一直流供电系统中使用。

(3) 如果具备动力及环境集中监控系统，则应通过该系统对蓄电池组的总电压、电流、标示电池的单体电压、温度进行监测，并定期对蓄电池组进行检测。通过电池监测装置了解电池充放电曲线及性能，发现故障并能及时处理。

(4) 蓄电池尽可能卧式安装。电池组安装后，应逐个检查电池间连接螺栓是否拧紧，检查电池正负极连接是否符合系统图的要求，检查电池组的总电压是否正常。需要注意，如果连接螺栓松动，会造成连接处的电阻增大，充放电过程中容易引起打火，严重时导致发热、起火，发生事故。

阀控式密封铅酸蓄电池的参考维护周期表见表 2-13。

表 2-13 阀控式密封铅酸蓄电池的参考维护周期表

周期	交换局及其他局(站)	移动通信基站及光缆无人站
月	(1) 全面清洁。 (2) 测量各电池端电压和环境温度。 (3) 检查连接处有无松动、腐蚀现象。 (4) 检查电池壳体有无渗漏和变形。 (5) 检查极柱、安全阀周围是否有酸雾酸液溢出	(1) 检查连接处有无松动、腐蚀现象。 (2) 检查电池壳体有无渗漏和变形。 (3) 检查极柱、安全阀周围是否有酸雾酸液溢出。 (4) 测量蓄电池组的端电压
季	充电(或按厂家说明书执行)	(1) 测量各电池端电压和环境温度。 (2) 充电(或按厂家说明书执行)
半年		进行全面清洁
年	(1) 测量馈电母线、电缆及软连接头压降。 (2) 核对性放电试验。 (3) 校正仪表。 (4) 容量试验(三年一次)	(1) 测量馈电母线、电缆及软连接头压降。 (2) 核对性放电试验(两年一次)

二、高频开关电源的维护

1. 高频开关电源维护的基本要求

(1) 高频开关电源设备宜放置在有空调的机房内，机房温度不宜超过 30℃，相对湿度宜在 30%~85%范围内。

(2) 输入电压的变化范围应在允许变动范围之内。工作电流不应超过额定值，各种自动、告警和保护功能均应正常。

(3) 要保持布线整齐，各种开关、熔断器、插接件、接线端子等部位应接触良好，无电化学腐蚀。

(4) 机壳应有良好的接地。

(5) 备用电路板、备用模块应每年定期试验一次，保持性能良好。

(6) 整流模块数量应适当，以保证开关电源的工作性能及效率。整流模块不宜长期工作在小于额定值 10%的状态下，如系统配置冗余较大，可轮流关掉部分整流模块。作为冷备份的模块宜放置在机架下方。

2. 高频开关电源的参考维护周期

开关电源设备比较典型的维护周期表如表 2-14 所示，供参考。

表 2-14 开关电源设备参考维护周期表

周期	项 目
月	(1) 检查浮充电压、电流是否正常。 (2) 检查液晶屏显示功能是否正常，系统发生异常时必须有告警；翻看告警记录。 (3) 检查直流熔断器压降或温升、汇流排的温升有无异常。 (4) 检查各整流模块的负载均分性能。各模块超过半载时，整流模块之间输出电流不平衡度应低于 ±5%。 (5) 检查各整流模块风扇运转是否正常。 (6) 清洁设备，特别注意风扇、滤网的清洁，保证无积尘，风道无遮挡物
季	(1) 检查系统直流输出限流保护功能。 (2) 检查系统中各告警点设置，测试必要的告警功能。 (3) 测试系统自动均充、浮充转换功能。 (4) 检查各项电池管理功能，并校正均充、浮充电压、充电限流值、均充周期、均充持续时间、转换电流等各项参数的设定值。 (5) 检查各开关、继电器、熔断器以及各接触元器件是否正常工作，容量是否匹配(包括交流、直流配电屏)。 (6) 测量中性线电流值以及对地电压值。 (7) 检查防雷设备是否正常
半年	测试系统自启动功能
年	(1) 测量衡重杂音电压。 (2) 校准系统的电压值、电流值。 (3) 检查各机架接地保护是否紧固牢靠。 (4) 测试备用模块

小试牛刀

一、简答题

1. 画出直流供电系统的结构框图。

2. 简述阀控式密封铅酸蓄电池的结构。

3. 简述选配直流配电屏时有哪些注意事项。

二、多项选择题

1. 以下属于通信用高频开关电源系统组成部分的是(　　)。

A. 交流配电部分　　　　　　　B. 整流器

C. 直流配电部分　　　　　　　D. 监控单元

2. 蓄电池的运行方式有(　　)。

A. 充放电　　　　　　　　　　B. 半浮充

C. 全浮充　　　　　　　　　　D. 恒压充

3. 目前通信设备的直流基础电源电压(　　)。

A. −48 V　　　　　　　　　　B. 220 V

C. 240 V　　　　　　　　　　D. 336 V

4. 下面说法错误的是(　　)。

A. 通信网络接入侧站点采用 −48 V 直流供电或交流供电。

B. 一般来讲，直流熔断器的额定电流值应不小于最大负载电流值的 2 倍

C. 开关电源的容量要根据站内设备的总交流、直流功耗来计算

D. 直流−直流变换器的数量应采用 $N+N$ 热备用的冗余配置方式

5. 整流模块单体配置需要考虑的因素有(　　)。

A. 电源系统所带负载总电流的大小

B. 蓄电池的充电电流

C. 高频开关电源的总容量

D. 整流模块数量应冗余配置

6. 蓄电池的基本配置原则需要考虑的因素有(　　)。

A. 蓄电池一般配置两组

B. 蓄电池容量不足时可采用并联的方式，并联组数最多不要超过 4 组

C. 不同容量、不同型号的蓄电池严禁并联使用

D. 不同厂家、不同时期的蓄电池要谨慎并联使用

三、单项选择题

1. 阀控式密封铅酸蓄电池的正极板一般选用的物质是(　　)。

A. PbO_2　　　　　　　　　　B. Pb

C. Pb_2O_3　　　　　　　　　　D. H_2SO_4

2. 高频开关电源的交流配电单元主要采用的交流输入方式是(　　)。

A. 三相三线制　　　　　　　　　B. 三相四线制

C. 三相五线制　　　　　　　　　D. 单相二线制

3. 电量充足、性能良好的 48 V 阀控式密封铅酸蓄电池组在 25℃条件下以 10 h 率电流放电时，关于其端电压的变化情况不正确的是(　　)。

A. 放电大约半小时端电压快速降至 49 V 左右，放电 1 h 端电压降至约 48 V

B. 放电一小时后端电压下降速度很慢、基本保持 48 V 的时间大约 7～8 h

C. 电压保持在 48 V，7～8 h 后端电压下降速度比较快，降至 43.2 V 时达到放电终止电压

D. 蓄电池组停止放电后，其端电压会继续下降，下降约 5 V

四、判断题

1. 蓄电池的容量用单位安培表示。　　　　　　　　　　　　　　　　　　(　　)

2. 为补充自放电损失的电量，使蓄电池保持电量充足的连续小电流充电称为均充充电，所需的充电电压称为均充电压。　　　　　　　　　　　　　　　　(　　)

3. 环境温度为 25℃，蓄电池浮充充电电压为(2.20～2.27 V)/单体。　　　　(　　)

4. 放电终止电压也称为放电终了电压，是蓄电池以一定的放电率在 25℃环境温度下，放电至能再反复充放电正常使用的最低电压。　　　　　　　　　　　　(　　)

5. 蓄电池的放置应避免阳光对蓄电池直射，朝阳窗户应作遮阳处理。　　(　　)

6. 整流模块部分能够将直流转换成符合通信要求的交流电。　　　　　　(　　)

能 力 拓 展

完成机房直流供电系统的设计

已知在上一项目中所规划设计的新建通信机房工程实训室，其机房内计划放置开关电源一台，通过开关电源供电的直流设备包括：8 台传输设备，每台满配功耗为 500 W；5 台接入设备，每台满配功耗为 100 W；3 台交换设备，每台满配功耗为 400 W。为保证设备能够持续获得直流供电，另外安装两组蓄电池，接入开关电源。蓄电池与机房共用一室，要求当交流停电后，通过蓄电池放电能够为设备供电 3 h，机房最低环境温度为 15℃。

根据上述工程背景，完成以下任务：

(1) 假设蓄电池安全系数 K 取 1.25，计算蓄电池的容量并从表 2-15 中选择合适的规格和排列方式。

(2) 假设机房直流电压均为 −48 V，求高频开关电源容量及整流模块单元单体配置数量，并从表 2-16 中选择合适的规格型号。

(3) 根据通信机房电源设计安装规范要求，提出直流设备在机房摆放位置的要求，注明日常使用和维护的注意事项。

表 2-15　蓄电池型号的参数列表

序号	系列	组电压	排列方式	规格/mm			重量/kg	承重/(kg/m²)	价格/元	备注
				长	宽	高				
1	SNS-300AH	48 V	双层双列	933	495	1032	530	1322	14 400	
			单层双列	1746	495	412	522	636		
			双层单列	1776	293	1032	535	1105		
2	SNS-400AH	48 V	双层双列	1128	566	1042	734	1350	19 200	
			单层双列	2118	566	422	720	703		
			双层单列	2156	338	1042	741	1720		
3	SNS-500AH	48 V	双层双列	1198	656	1042	835	1421	24 000	
			单层双列	2195	656	422	823	743		
			双层单列	2233	383	1042	839	1285		
4	SNS-600AH	48 V	双层双列	998	990	1032	1060	1170	28 800	
			单层双列	1811	990	412	1044	578		
			双层单列	1841	495	1032	1069	1184		
5	SNS-800AH	48 V	双层双列	1213	970	1162	1496	1607	38 400	
			单层双列	2210	970	432	1470	837		
			双层单列	2248	545	1162	1497	1517		

表 2-16　高频开关电源型号的参数列表

序号	产品型号	单位	单价/元	模块数量	规格尺寸 (高 × 宽 × 深) /(mm × mm × mm)	荷载/(kg/m²)
1	PS48300-1B/30-180A	架	36 000	6	2000 × 600 × 600	435
2	PS48300-1B/30-210A	架	37 000	7	2000 × 600 × 600	442
3	PS48300-1B/30-240A	架	38 000	8	2000 × 600 × 600	458
4	PS48300-1B/30-270A	架	39 000	9	2000 × 600 × 600	465
5	PS48300-1B/30-300A	架	41 000	10	2000 × 600 × 600	480
6	PS48600-2B/50-500A	架	60 000	8	2000 × 600 × 600	520

项目 2.4
电力导线的选择

▼

学习情境导入

电力导线的作用就是传输和分配电能。在通信机房中，电源系统供给的电能需要通过电力导线传输和分配来给通信设备供电。不同的用电环境以及用电设备，对于电力导线的要求是不相同的。为了保证机房通信设备用电的安全，减少输电能量损耗，同时也避免因为线路超载而带来安全事故隐患，必须要对通信机房内所用各类电力导线作出科学选择和合理规范敷设。在通信机房中，根据供电的性质不同，电力导线通常分为交流电源线和直流电源线。本项目中，将主要学习认识电力导线并在此基础上学会各类电力导线的线径计算方法以及电力导线布放规范。

任务分析

通信机房中有使用交流电的设备，也有使用直流电的设备，根据不同的用电需求，需要连接相应的电力导线，本项目中共设计了四个任务。在任务实施中，需要注意以下问题：

(1) 认识了解电力导线的种类、型号和用途，清楚电线与电缆的区别，在进行交流、直流电力导线选择之前，一定要熟悉规范中规定的电力导线选择原则，再结合具体的机房设备用电实际情况，选择适合型号的电源线。

(2) 在选择合适的电源线线径时，需要能够正确计算交流、直流电缆的截面积，并会查电源线载流量表，同时还要结合具体的机房电源线缆近远期符合情况综合考虑。

(3) 机房中电力导线是供电设备向有源通信设备输送电能的重要通道，在敷设电力导线时要注意严格按照规范施工，减少机械损伤导致的线缆损坏，同时要将交流、直流电源线以及信号线之间保持一定的间距，减少干扰。

任务 2.4.1　电力导线的认识

⚙️ **任务实施**

一、电力导线的基本结构

电力导线的作用是用来传输和分配电能的，供电系统中常用的电力导线有三种：电力电缆、绝缘电线、母线。电力电缆由导体、绝缘层和保护层组成，如图 2-60 所示。绝缘电线是只有导体，或有简单绝缘层和保护层的低压电力线，如图 2-61 所示。母线是指导线截面积很大或截面形状特殊的一类导线，如图 2-62 所示。电力线中导体作用是传导电流，有实芯和绞合之分；材料有铜、铝、银、铜包钢、铝包钢等，主要用的是铜与铝，铜的导电性能比铝要好得多；绝缘层包覆在导体外，其作用是隔绝导体，承受相应的电压，防止电流泄漏；保护层是用来保护绝缘线芯的。电缆一般有 2 层以上的绝缘层且多数是多芯结构的，绕在电缆盘上，长度一般大于 100 m。电线一般是单层绝缘、单芯、100 m 一卷，无线盘。

图 2-60　电力电缆　　　　图 2-61　电线　　图 2-62　100×8 铝母线排

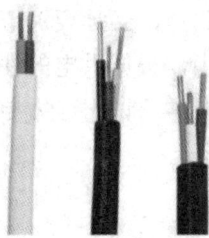

二、电力导线的分类

1. 按导电材料分

电力导线的导电材料，通常有铜和铝两种。铜材的导电率高，采用铜芯导线损耗比较低，铜材的机械性能优于铝材，延展性好，便于加工和安装。但铝材比重小，在电阻值相同时，铝线芯的质量仅为铜的一半。目前，固定敷设用的电力导线一般采用铜线芯。

2. 按绝缘材料分

电力导线按照导体外部包裹的绝缘材料不同，可分为聚氯乙烯绝缘、聚乙烯绝缘、交联聚乙烯绝缘、橡胶绝缘等。

3. 按防火要求分

按照电力导线具有的防火能力，可分为普通型和阻燃型。普通型电力导线不具备阻燃性能，但燃烧时不会产生大量毒气及烟雾，用它制造的电线、电缆称为"清洁电线、电缆"，一般用在室外敷设。若要兼备阻燃性能，须在电力导线绝缘材料中添加阻燃剂。阻燃电力导线在规定实验条件下被燃烧时，其火焰蔓延仅在限定范围内，撤去火源后，残焰和火灼能在限定时间内自行熄灭，通常室内敷设时采用，但相比普通型，阻燃型燃烧时产生的毒性比较大。

三、常用电力导线规格型号

1. 型号

在通信局(站)机房输电、配电系统中的通信电源主要采用的是阻燃耐火软电缆。电缆形式代号由 6 部分组成，分别表示燃烧特性、绝缘材料、护套材料、外护层和工作温度，其构成如图 2-63 所示。

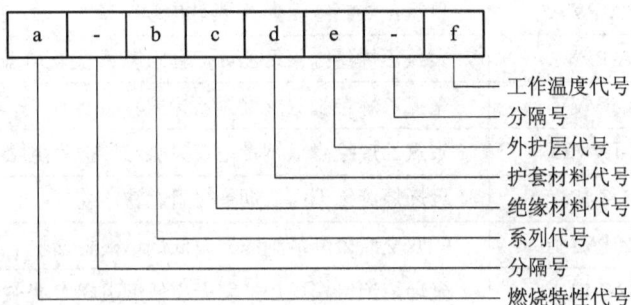

图 2-63　阻燃耐火软电缆形式代号组成

各部分代号表示及其含义如下：

(1) 燃烧特性代号。

燃烧特性代号包括以下几类，当有多种燃烧特性要求时，代号按照无卤低烟、阻燃和耐火的顺序排列：

Z——单根阻燃。

ZA——阻燃型 A 类。

ZC——阻燃型 C 类。

WD——低烟无卤。

N——耐火。

(2) 系列代号。

R——软电缆系列。

(3) 绝缘材料代号。

V——聚氯乙烯绝缘。

Y——聚烯烃绝缘。

YJ——交联聚烯烃绝缘。

(4) 护套材料代号。

V——聚氯乙烯。

Y——聚烯烃。

VV——双层聚氯乙烯。

(5) 外护层代号。

22——双钢带铠装聚氯乙烯外护套。

23——双钢带铠装聚烯烃外护套。

(6) 工作温度代号。

90——90℃。

当工作温度为 70℃时，此部分代号省略。

2. 电缆型号与名称

通信机房电源常用阻燃耐火软电缆的型号、对应的产品名称如表 2-17 所示。

表 2-17　电缆的型号和名称

阻燃特性	型　号	名　　　称
阻燃 A 类	ZA-RV	聚氯乙烯绝缘阻燃 A 类软电缆
	ZA-RVV	聚氯乙烯绝缘聚氯乙烯护套阻燃 A 类软电缆
	ZA-RVVV	聚氯乙烯绝缘双层聚氯乙烯护套阻燃 A 类软电缆
	ZA-RVV22	聚氯乙烯绝缘双钢带铠装聚氯乙烯护套阻燃 A 类软电缆
低烟无卤	WDZ-RY	聚烯烃绝缘无卤低烟单根阻燃软电缆
	WDZ-RYJ-90	90℃交联聚烯烃绝缘无卤低烟单根阻燃软电缆
	WDZC-RYY	聚烯烃绝缘聚烯烃护套无卤低烟阻燃 C 类软电缆
	WDZC-RYJY-90	90℃交联聚烯烃绝缘聚烯烃护套无卤低烟阻燃 C 类软电缆
	WDZC-RYY23	聚烯烃绝缘双钢带铠装聚烯烃护套无卤低烟阻燃 C 类软电缆
	WDZC-RYJY23-90	90℃交联聚烯烃绝缘双钢带铠装聚烯烃护套无卤低烟阻燃 C 类软电缆
	WDZN-RY	聚烯烃绝缘无卤低烟单根阻燃耐火软电缆
	WDZN-RYJ-90	90℃交联聚烯烃绝缘无卤低烟单根阻燃耐火软电缆
	WDZCN-RYY	聚烯烃绝缘聚烯烃护套无卤低烟阻燃 C 类耐火软电缆
	WDZCN-RYJY-90	90℃交联聚烯烃绝缘聚烯烃护套无卤低烟阻燃 C 类耐火软电缆
	WDZCN-RYY23	聚烯烃绝缘双钢带铠装聚烯烃护套无卤低烟阻燃 C 类耐火软电缆
	WDZCN-RYJY23-90	90℃交联聚烯烃绝缘双钢带铠装聚烯烃护套无卤低烟阻燃 C 类耐火软电缆

3. 电力电缆命名规则

电缆的命名由电缆的型式代号、额定电压和规格代号组成，中间分别用"-"和"空格"分隔开，如图 2-64 所示。

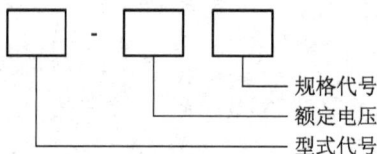

　　　　　　　　　　　　　　　　规格代号

　　　　　　　　　　　　　　　　额定电压

　　　　　　　　　　　　　　　　型式代号

图 2-64　电缆命名

常用通信电源电力电缆的规格如表 2-18 所示。

表 2-18 常用通信电源电力电缆的规格

型式代号	电压等级/V	芯 数	标称截面/mm²
ZA-RV、WDN-RY	450/750	1	1.5～500
ZA-RVV、WDN-RYY			4～500
ZA-RVV、WDN-RYY、WDN-RYY23、ZA-RVV22	600/1000	2、3、3+1、4、3+2、3+1+1、4+1	10～240

四、电力线缆的设计原则

在电力线缆的选择和设计时，应注意以下几点：

(1) 高压柜出线、低压配电设备的交流进线按远期负荷进行计算；低压配电设备的出线按照被供负荷的容量进行计算。

(2) 备用发电机组的输出导线，应按其输出容量来选择导线型号和规格。

(3) 按满足电压要求来选取直流放电回路的导线时，直流放电回路中 48 V 电源的全程压降不应大于 3.2 V；24 V 电源的全程压降不应大于 2.6 V。

(4) 线路的电压损失应满足用电设备正常工作启动时端电压的要求。

(5) 接地导线应采用铜芯导线。

(6) 机房内的交流导线应采用阻燃电缆，直流供电在条件允许的情况下也应采用阻燃电缆。

(7) 直流电源馈线应按远期负荷确定，当近期负荷与远期负荷相差悬殊时，可按分期敷设的方式确定，设计时应考虑将来扩装的条件。

任务 2.4.2 交流电力导线的截面积计算

任务实施

交流电力导线的
截面积计算及
电源线缆选择

一、交流电力导线截面的选择依据

低压交流电力导线截面的选择通常根据以下两种方式确定：

(1) 按机械强度允许的导线最小截面积选择。

导线在安装和使用过程中要受到外力的影响，另外导线本身也有自重，这样就要受到多种张力的作用。如果导线不能承受这些张力的作用，就容易折断。因此，选择导线时必须考虑导线的机械强度。通常情况下，通信工程中遇到的配电用电力线截面积不小于 1 mm²；接地保护线在有机械保护时截面积不小于 1.5 mm²；接地保护线在无机械保护时截面积不小于 2.5 mm²。

(2) 按安全载流量来选择。

导线由于存在自身阻抗，通过电流就要发热，截面相同的导线，通过电流越大，导线发热越大。导线能够连续承受而不致使其稳定温度超过规定值的最大电流称为该导线的最大载流量。如果通过导线的电流超过其载流量，则其绝缘层就会发热、迅速老化和损坏，严重的甚至会引发电气火灾。因此在选配交流电力线时，应保证所选电力线的安全载流量不小于该段电力线上的预计电流。

一般情况下，距离短、截面积小、散热好、气温低时，导线的导电能力强些，安全载流量选上限；而距离长、截面积大、散热不好、气温高、自然环境差时，导线的导电能力弱些，安全载流量选下限。

二、交流电力导线截面计算步骤

1. 计算每一相交流输入的相电流值

为了恰当选取交流电源线的线芯截面积，必须弄清导线所要通过的电流有效值 I。从交流屏到各种用电负荷的电流，如果是单相交流电，其用电设备导线每根允许的载流量为

$$I = \frac{S \times 1000}{U} = \frac{P \times 1000}{U \times \cos \Phi} \qquad (2\text{-}3)$$

式中：I——单相用电负荷电流(A)；

$\quad$ S——视在功率(kV·A)；

$\quad$ P——用电设备额定功率(kW)；

$\quad$ U——交流相电压有效值(220 V)；

$\quad$ $\cos \Phi$——用电设备功率因数。

如果是三相交流电，其用电设备导线每根允许的载流量为

$$I = \frac{S \times 1000}{\sqrt{3} U_1} = \frac{P \times 1000}{\sqrt{3} \times U_1 \times \cos \Phi} \qquad (2\text{-}4)$$

式中：I——用电负荷相电流(A)；

$\quad$ U_1——交流线电压有效值(380 V)。

这里视在功率与有功功率的关系是

视在功率：

$$S = U \times I$$

有功功率：

$$P = U \times I \times \cos \Phi$$

2. 确定相线的最终截面积

交流电源线的截面积，一般按最大载流量即发热条件来选择时，绝缘导线的线芯截面积(A)应满足

$$A_{\text{理论}} \geqslant \frac{I}{J_{ec}} \qquad (2\text{-}5)$$

式中：I——通过导线的电流有效值；

$\quad$ J_{ec}——导线电流密度。

　　铜芯绝缘导线的电流密度可按 2～5 A/mm^2 来选取。当通过导线的电流不大于 40 A 时，取电流密度为 5～4 A/mm^2；当导线电流为 41～100 A 时，取电流密度为 3～2 A/mm^2；当导线电流大于 100 A 时，取电流密度为 2 A/mm^2(这时宜查产品手册来确定线芯的截面积)。

　　在工程设计时，为了保持设备的正常运行，工程上计算相线的截面积时还需预留一定的工程富余量，一般取 1.2，即 $A_{工程} = A_{理论} \times 1.2$。

　　绝缘导线的线芯标称截面积(mm^2)系列为 1，1.5，2.5，4，6，10，16，25，35，50，70，95，120，150，185，240 等。

3. 确认零线的截面积

　　(1) 当交流输入电缆选用 3 + 1(3 条火线 + 一条零线)或 3 + 2(3 条火线 + 一条零线 + 一条地线)多芯单根电缆时，零线的截面积不需要选择。

　　(2) 当交流输入电缆采用单芯多根电缆时，在交流三相输入的情况下，零线的截面积应不小于相线的截面积的一半。

　　(3) 当交流输入电缆采用单芯多根电缆时，在交流单相输入的情况下，零线的截面积应等于相线的截面积。

4. 确认地线的截面积

　　保护地线 PE 一般采用多股铜芯线，最小截面需满足表 2-19 的要求。

表 2-19　保护地线 PE 截面选择表

相线截面/mm^2	PE 线截面/mm^2
$S \leqslant 16$	S
$16 < S \leqslant 35$	16
$S > 35$	$\geqslant S/2$

跟我学：交流电力导线截面积计算举例

　　【例 6】　某局交流设备负荷为 6 kV·A，试分别计算单相 220 V 和三相 380 V 供电时，交流电源线的截面积。

　　解　工程中常用载流量计算，方法是根据计算电源线实际通过的电流与电源线额定载流量比较来选择。

　　(1) 单相 220 V 供电。

　　计算电源线通过电流

$$I = \frac{S \times 1000}{U} = \frac{6 \times 1000}{220} \text{ A} = 27 \text{ A}$$

　　单项供电电源线由火线、零线、保护地线三根线组成，宜选用三芯电缆。查电力线安全载流量表 2-4，得 6 mm^2 电源线额定电流为 32 A，则选择该截面积电源线能满足要求。

　　(2) 三相 380 V 供电。

　　① 计算每一相交流输入的相电流值：

$$I = \frac{S \times 1000}{\sqrt{3}U_1} = \frac{6 \times 1000}{\sqrt{3} \times 380} \text{ A} = 9 \text{ A}$$

② 确定相线的最终截面积。

计算相线的理论截面积：

$$A_{理论} \geqslant \frac{I}{J_{ec}} = \frac{9}{5} \text{ mm}^2 = 1.8 \text{ mm}^2$$

这里取 $J_{ec} = 5 \text{ A/mm}^2$，则计算电缆截面积的理论最小值为 1.8 mm²。

计算相线的工程截面积：

$$A_{工程} = A_{理论} \times 1.2 = 2.16 \text{ mm}^2$$

本次供电为三相交流输入，交流输入采用单芯多根电缆。根据交流电缆的工程截面积，查阅表 2-20 中单芯电源线载流量表，确认交流电缆的最终截面积为 2.5 mm²。

③ 确认零线的截面积。

当三相交流输入采用单芯多根电缆时，零线的截面积选择为 1.5 mm²。

④ 确认地线的截面积。

根据表 2-19 要求，本次地线的截面积选择与相线截面积相同，均为 2.5 mm²。

表 2-20　聚氯乙烯绝缘电线安全载流量表

三芯或四芯电缆载流量表			单芯电源线载流量表	
主线芯截面积/mm²	中性线截面积/mm²	三芯或四芯载流量	主线芯截面积/mm²	单芯载流量/A
4	4	25	1	16
6	6	33	1.5	20
10	10	44	2.5	27
16	16	60	4	36
25	25	81	6	47
35	35	102	10	64
50	50	128	16	90
70	70	159	25	119
95	95	195	35	147
120	120	224	50	185
150	150	260	70	229
185	185	298	95	281
240	240	339	120	324
			150	371
			185	423
			240	480

任务 2.4.3　直流电力导线的截面积计算

直流电力导线的
截面积计算及
电源线缆选择

⚙ 任务实施

直流电力线是用于整流器到蓄电池的连接线、整流器到负载的供电线。在负载比较多的情况下，整流器到负载之间要配一个直流配电柜。供电线分为两部分，一部分为整流器到直流配电柜，另一部分为从直流配电柜到负载。因现在通信设备的电流不是很大，一般已不选择直流母排，通常选择阻燃铜软线，蓝色为负极，黑色为工作地，保护地线为黄绿色。

直流电力导线截面积计算主要有电流矩法和固定压降分配法两种。

一、电流矩法

采用电流矩法计算导体截面，是按容许电压降来选择导线的一种方法。根据欧姆定律，在直流供电回路中，某段导线通过最大电流时，该段导线上由于直流电阻造成的压降为

$$\Delta U = IR = I\frac{\rho L}{S} = \frac{IL}{\gamma S} \tag{2-6}$$

根据上式，则

$$S = \frac{IL}{\gamma \Delta U} \tag{2-7}$$

式中，ΔU——导线上的电压降(V)；

I——流过导线的电流(A)；

R——导体的直流电阻(Ω)；

P——导体的电阻率[($\Omega \cdot mm^2$)/m]；

L——供电回路长度(m)，如果已知单程长度，则应乘以 2；

S——导体截面积(mm^2)；

γ——导体的电导率[m/($\Omega \cdot mm^2$)]，不同材质的电导率不同，常用的 $\gamma_{铜} = 57$，$\gamma_{铝} = 34$。

整个供电回路的最大允许压降是根据通信设备要求的允许电源变动范围和采用蓄电池浮充供电时的浮充电压、合理的放电终止电源以及加尾电池调压时的电压变动情况等规定的。由于上述计算导线截面的方法中常常用到电流与流经导体长度的乘积，即所谓的电流矩，故上述计算方法习惯上称为电流矩法。

二、固定压降分配法

所谓固定压降分配法，就是在电流矩法基础上，把要计算的直流供电系统全程允许压降的数值，根据经验适当地分配到每个压降段落上，从而计算各段落导线截面积。这种方法在工程中较为常用，是依据以往的工程经验进行的，它可以简化计算，但精确性相对不高。根据 GB51194—2016 规定，直流放电回路(即从蓄电池组的两端到通信设备受电的两

端)的全程压降，48 V 电源应不大于 3.2 V，根据机房直流电源设备的配置情况，固定压降分配值如图 2-65 所示。

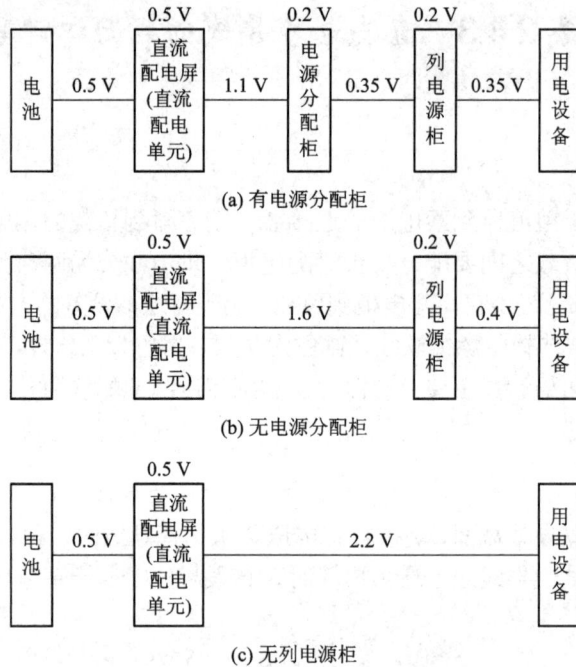

(a) 有电源分配柜

(b) 无电源分配柜

(c) 无列电源柜

图 2-65 直流 –48 V 供电回路全程允许压降常用固定分配值

采用固定压降分配值计算各段导线的步骤如下：

(1) 确定各段导线的材质，一般情况下采用铜导线，也可根据需要采用铝导线。

(2) 了解各段导线负荷和导线的最大长度。

(3) 分配各段导线上电压降数值。

(4) 根据上述已知条件，按照公式(2-7)计算各段导线的截面积。

(5) 根据计算结果选出适用的导线型号及规格。

跟我学：直流电力导线截面积计算举例

【例 7】某局机房内从蓄电池组输出端到高阻柜输出端各段直流导线的长度及通过电流值如图 2-66 所示，试计算每一段直流导线的截面积，并选择合适的导线。

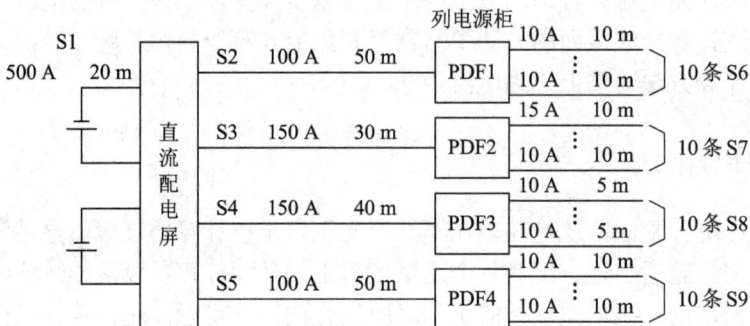

图 2-66 机房内各段直流电力导线分布

解 本题根据直流导线截面积计算公式 $S = IL/(\gamma\Delta U)$，其中取 $\gamma_{铜} = 57$，计算结果如下：

(1) 蓄电池到直流配电屏。

根据固定压降分配法，从蓄电池输出端子到直流配电屏输入端这段导线允许的最大压降为 0.5 V，代入公式得到

$S_1 = IL/(\gamma\Delta U) = 500 \times 20 \times 2/(0.5 \times 57)\text{mm}^2 = 701.75\ \text{mm}^2$ 选用 100×8 的铜母线排($800\ \text{mm}^2$)

(2) 直流配电屏到列电源柜。

根据图 2-65(b)所示，从直流配电屏到列电源柜这段导线允许最大压降取 1.6 V，代入公式得到

$S_2 = S_5 = 100 \times 50 \times 2/(1.6 \times 57)\text{mm}^2 = 109.65\ \text{mm}^2$ 选用 $120\ \text{mm}^2$ 电源线

$S_3 = 150 \times 30 \times 2/(1.6 \times 57)\text{mm}^2 = 98.68\ \text{mm}^2$ 选用 $120\ \text{mm}^2$ 电源线

$S_4 = 150 \times 40 \times 2/(1.6 \times 57)\text{mm}^2 = 131.58\ \text{mm}^2$ 选用 $150\ \text{mm}^2$ 电源线

(3) 列电源柜到用电设备。

根据图 2-65(b)所示，从列电源柜到用电设备这段导线允许最大压降取 0.4 V，代入公式得到

$S_6 = S_9 = 10 \times 10 \times 2/(0.4 \times 57)\text{mm}^2 = 8.77\ \text{mm}^2$ 选用 $10\ \text{mm}^2$ 电源线

$S_7 = 15 \times 10 \times 2/(0.4 \times 57)\text{mm}^2 = 15.16\ \text{mm}^2$ 选用 $16\ \text{mm}^2$ 电源线

$S_8 = 10 \times 5 \times 2/(0.4 \times 57)\text{mm}^2 = 4.39\ \text{mm}^2$ 选用 $6\ \text{mm}^2$ 电源线

任务 2.4.4 机房内电力导线的布放

一、机房内电源线布放的要求

(1) 交流电源线、直流电源线、信号线应分开布放，如果无法避免同架长距离并行敷设时，则各种线缆间应保持不小于 50 mm 的间隔距离，主要为了安全以及防止线间干扰，如图 2-67 所示。

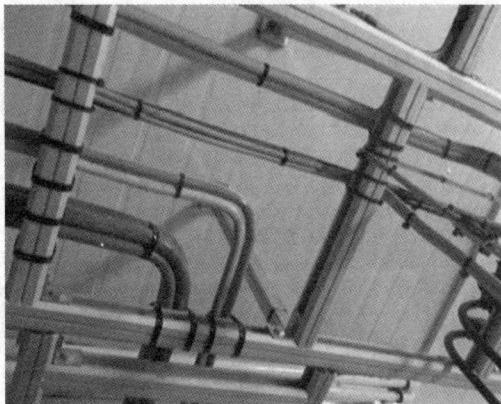

图 2-67 桥架上分开布放的机房电力导线

(2) 交流电源线、直流电源线、设备保护地线应分别采用不同颜色的电源线加以区分，其颜色应符合表 2-21 中的规定。

表 2-21　各类电源线的外皮颜色

电源线类型	标　示	色　别
交流电源线(5 芯线)	A 相	黄色
	B 相	绿色
	C 相	红色
	零线(中性线)	蓝色
	保护线	黑色或黄绿色
直流电源线	正极	红色
	负极	蓝色
设备保护地线		黄绿色

(3) 电源线必须是整条线料，电源线接线端子与线缆应匹配，外皮完整，绝缘层无损伤，中间严禁有接头和急弯处。

(4) 电源线与设备连接线的距离越短越好，走线应平直、整齐、绑扎间隔均匀、松紧合适，扎带头应放在隐蔽处。在电源线的两端应清晰标示其供电设备的名称或代号，以便于今后的维护，如图 2-68 所示。

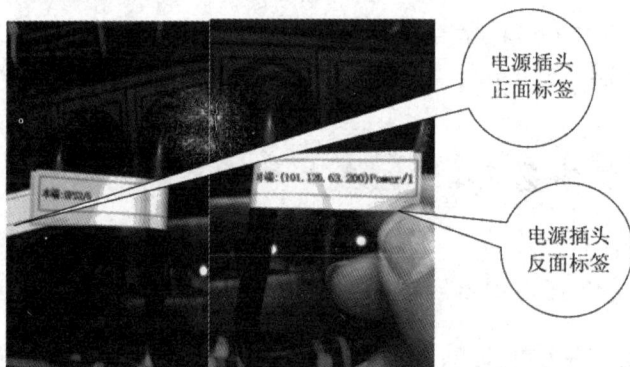

图 2-68　贴有标签的电源线

(5) 线缆连接应无差错、接触良好，焊接光滑，不得出现碰地、短路、断路、虚焊、漏焊、错焊等情况。

(6) 线缆在转变时不能折成直角，要有弧度，弧度的大小要以不破坏线缆的物理结构和电气特性为宜，不同类型的线缆最小弯曲半径要求不同，一般电缆的弯曲半径不小于电缆外径的 10 倍。

(7) 交流、直流电源线走线方式宜采用上走线，如图 2-69 所示。

图 2-69　走线架上布放电源线

二、地线布放的要求

(1) 通信局(站)内各类需要接地的设备与接地汇集排之间的连线，其截面应根据通过的最大负荷电流来确定，一般应采用有塑料外套的多股绝缘铜线，严禁使用裸导线布放。

(2) 通信设备直流电源工作地应从接地汇集排上引入。

(3) 接地线布放时，应保持其平直、整齐，绑扎间隔均匀、松紧合适，塑料带扎头(或麻线扎头)应放在隐蔽处。外皮完整，中间严禁有接头和急弯处。

(4) 以交换局、基站为例，接地导线一般采用的规格如表 2-22 所示。

表 2-22　各通信局房地线规格

局　　房	线缆类型	铜线截面积	备　　注
交换局	接地引入线	一般≥120 mm²	
	工作地线	一般≥95 mm²	
	保护地线	一般≥16 mm²	距离较长时，应≥35 mm²
基站	接地引入线	≥95 mm²	≥40 mm × 4 mm 镀锌扁钢
	工作地线	一般 35～95 mm²	
	保护地线	≥16 mm²	距离较长时，应≥35 mm²

三、电源线与设备连接的要求

(1) 电源线缆不能和信号线、尾纤在同一个孔进入设备机柜内。电源线缆在柜子后面右边第一个孔下线，并贴有"电源进线口"的标签。信号线、网线在柜子后面左边第一个孔下线并贴有"信号线网线进线口"的标签，如图 2-70 所示。

柜子后面左边第一个孔进信号线和网线

柜子后面右边第一个孔进电源线

图 2-70　电源线进入设备机柜位置

(2) 截面在 10 mm² 以下单芯或多芯电源线可与设备直接连接，即在电线端头作接头圈，线头弯曲方向应与紧固螺栓、螺母的方向一致，并在导线与螺母间加装垫片，拧紧螺母。

(3) 截面在 10 mm² 以上的多股电源线应加装接线端子，一般截面超过 70 mm² 电源线宜采用大一号接线端子，其尺寸要与导线线径相吻合，并用压焊接工具压焊接牢固，接线端子与设备接触部分应平整、牢固，如图 2-71、图 2-72 所示。

图 2-71　铜接线端子

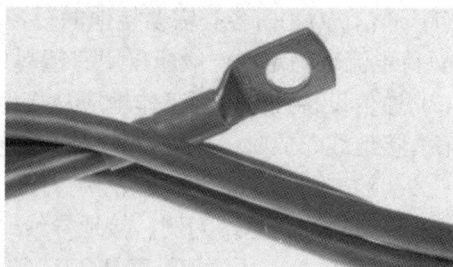

图 2-72　加装有接线端子的电源线

(4) 电源线与设备端子连接时，不应使端子受到机械压力。

(5) 较粗的电源线进入设备的一端应将外皮剥脱，并缠扎塑料绝缘带，各电源线缠扎长度要保持一致，如图 2-73 所示。较细的电源线进入设备时在端头处可直接套上带有色谱的绝缘套管，套管松紧适度，长约 2～3 cm。通常绝缘套管的颜色为：交流 A 相用黄色、交流 B 相用绿色、交流 C 相用红色，直流正极用红色、负极应用蓝色，保护地应用黄色。

图 2-73　开关电源内直流电源线的连接

四、电源列头柜至设备间的电源线端头处理

就设备的接线端子而言，通常应符合下列要求的其中之一：

(1) 当采用螺丝顶压连接时，电源线的剖头长度应等于其插入接线端子腔的深度，顶压接触部分应用细砂布去掉氧化物，顶压牢固、用力适度，以拔不出电缆为宜。

(2) 当采用接线圈连接时，电源线的剖头长度应等于连接螺栓的周长，接头圈的绕向应与螺帽紧固方向一致，连接时宜在接头圈的两侧安装上平垫片，在螺帽一侧装上弹簧垫圈，紧固螺帽时用力适度。

(3) 当采用线鼻子连接时，电源线的剖头长度应等于其插入鼻子腔内长度，插入部分的芯线及鼻子腔内壁应用砂布打磨干净后进行焊接或压接，连接必须牢固、端正，焊接时焊锡应饱满。在接线端子上安装时，位置应正确、牢固、端正、螺帽垫片齐全，紧固时用力适度，接触良好。

(4) 当电源线是铝芯线而设备电源入口连接端子又是铜质时，应采用铜铝过渡鼻子来连接。连接要求同(3)。

小 试 牛 刀

一、简答题

1. 简述电力线缆设计原则。

2. 简述交流电力导线截面的选择依据。

3. 简述机房内电源线布放的要求。

二、多项选择题

1. 供电系统中常用的电力导线有(　　)。

A. 电力电缆　　　　B. 绝缘电线　　　　C. 地线　　　　D. 母线

2. 电力导线的导电材料，通常有(　　)。

A. 铁　　　　B. 铜　　　　C. 铝　　　　D. 银

3. 确认零线的截面积的方法有(　　)。

A. 当交流输入电缆选用 3＋1 或 3＋2 多芯单根电缆时，零线的截面积不需要选择

B. 当交流输入电缆采用单芯多根电缆时，在交流三相输入的情况下，零线的截面积应不小于相线截面积的一半

C. 当交流输入电缆采用单芯多根电缆时，在交流单相输入的情况下，零线的截面积应等于相线的截面积

4. 下面说法正确的是(　　)。

A. 通信局(站)内各类需要接地的设备与接地汇集排之间的连线，严禁使用裸导线布放

B. 通信设备直流电源工作地应从接地汇集排上引入

C. 接地线布放时，应保持其平直、整齐，绑扎间隔均匀、松紧合适，塑料带扎头(或麻线扎头)应放在隐蔽处

D. 基站机房的保护地线的截面积一般应 $\geqslant 16\ \mathrm{mm^2}$，距离较长时，截面积应 $\geqslant 35\ \mathrm{mm^2}$

三、单项选择题

1. 五相三线制交流电缆三个相线的颜色分为(　　)。

A. 蓝色，黄色，绿色　　　　　　B. 红色，黄色，绿色

C. 黑色，黄色，绿色　　　　　　D. 红色，黑色，蓝色

2. 电缆型号中 ZA 表示的含义是(　　)。

A. 阻燃型 A 类　　　　　　　　B. 耐火 A 类

C. 低烟无卤　　　　　　　　　　D. 通信电源专用

3. ZA-RVV 表示的含义是(　　)。

A. 铜芯阻燃聚氯乙烯绝缘软电缆

B. 铜芯阻燃聚氯乙烯绝缘聚氯乙烯护套软电缆

C. 铜芯耐火无卤低烟聚烯烃绝缘软电缆

D. 铜芯耐火无卤低烟聚烯烃绝缘无卤低烟聚烯烃护套软电缆

4. 通常情况下，通信工程中遇到的配电用电力线截面积不小于(　　)。

A. 1 mm^2　　　　B. 1.5 mm^2　　　　C. 2 mm^2　　　　D. 10 mm^2

5. 按照规定，直流放电回路(即从蓄电池组的两端到通信设备受电的两端)的全程压降，48 V 电源应不大于(　　)V。

A. 1.2　　　　　B. 2　　　　　C. 2.5　　　　　D. 3.2

6. 交流、直流电源线走线方式宜采用(　　)。

A. 爬梯　　　　　　　　　　B. 上走线

C. 下走线　　　　　　　　　D. 暗管

四、判断题

1. 铝材的导电率高，采用铝芯导线损耗比较低，所以机房敷设用的电力导线一般采用铝线芯。　　　　　　　　　　　　　　　　　　　　　　　　　　　　(　　)

2. 在机房的电力线布放中，为节省空间，交流电源线、直流电源线、信号线最好在一起布放。　　　　　　　　　　　　　　　　　　　　　　　　　　　　　(　　)

3. 采用安全载流量方法选择交流电力导线截面时，一般情况下，导线距离短、截面积小、散热好、气温低时，导线的导电能力强些，安全载流量选上限。　　　(　　)

4. 电源线与设备连接线的距离越短越好，走线应平直、整齐、绑扎间隔均匀、松紧合适，扎带头应放在隐蔽处。　　　　　　　　　　　　　　　　　　　　　　(　　)

❀　能 力 拓 展　❀

机房电力导线的选择与布放

　　某小区新建综合接入模块局机房，设备平面布置图如图 2-73 所示。其中窄带交换机 UA5000 的功耗为 550 W，数据设备 MA5616 的功耗为 200 W，光接入设备 MA5680T 的功耗为 1000 W，预留机架按 1 kW/架来考虑，所有设备均采用直流 −48 V 供电，请根据本项目所学内容为该机房各设备间选择合适的电力导线并合理布放。具体完成任务如下：

　　(1) 在图 2-74 上绘制电力电缆走向路由图，尤其用不同的符号表示，以便能够区分开交流电源线、直流电源线和地线。

　　(2) 根据所给设备的负荷以及表 2-23，计算各类电力导线的截面积，并为其选择合适的规格型号电缆。

　　(3) 根据计算结果及所绘制的路由图，填写表 2-24。

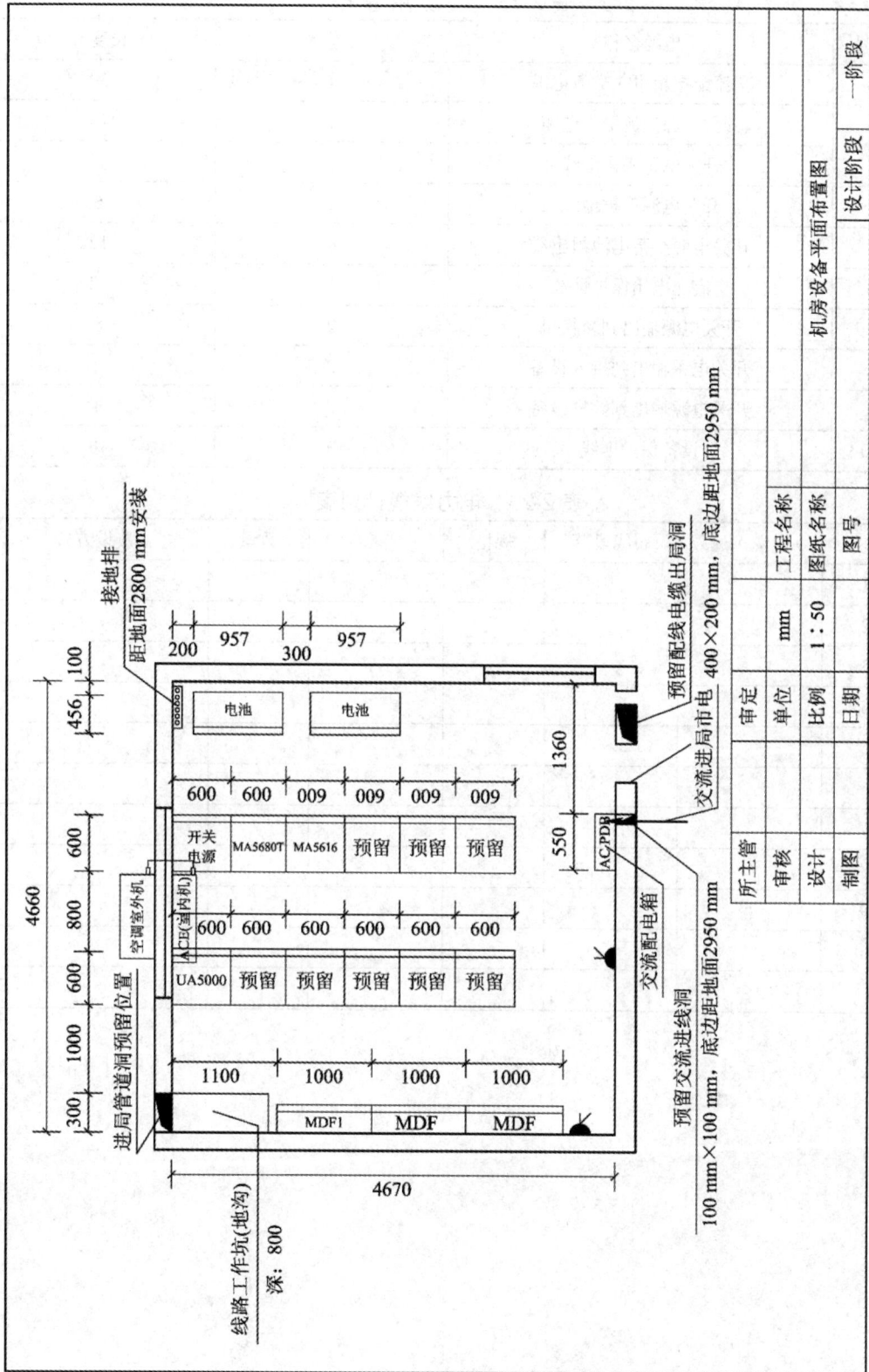

图 2-74 综合接入模块局机房设备平面布置图

	审定		单位	mm	工程名称	机房设备平面布置图
所主管	审核		比例	1∶50	图纸名称	
	设计					设计阶段
	制图		日期		图号	一阶段

接地排

距地面2800 mm安装

200 | 957 | 300 | 957

| 电池 | 电池 |

| 600 | 600 | 600 | 600 | 600 | 600 |
| 开关电源 | MA5680T | MA5616 | 预留 | 预留 | 预留 |

| 600 | 600 | 600 | 600 | 600 | 600 |
| UA5000 | 预留 | 预留 | 预留 | 预留 | 预留 |

空调室外机
AC E(室内机)

| 1100 | 1000 | 1000 | 1000 |
| MDF1 | MDF | MDF |

1360
550
AC/PDB
交流配电箱

456 100
600
800
600
4660

进局管道洞预留位置
1000
300
4670

线路工作坑(地沟) 深: 800

预留交流进线洞
100 mm×100 mm, 底边距地面2950 mm

交流进局市电
100 mm×100 mm, 底边距地面2950 mm

预留配线电缆出局洞
400×200 mm, 底边距地面2950 mm

表 2-23　线 缆 用 量 表

编号	电缆名称	数量/根	长度/m
1	交流配电箱引入交流电缆	1	50
2	开关电源交流引入电缆	1	10
3	开关电源工作地线	1	6
4	开关电源保护地线	1	6
5	开关电源至蓄电池组出线	4	12
6	交流配电箱保护地线	1	12
7	开关电源输出到交换机	2	8
8	开关电源输出到接入设备	2	2
9	开关电源输出到数据设备	2	4
10	设备保护地线	3	10

表 2-24　电力线缆计划表

序号	电缆用途	布线段落	规格	单位	数量	敷设方式
1						
2						
3						
4						
5						
6						
7						
8						
9						
10						
11						

模块三

防雷接地系统

【 模块描述 】 ⋯⋯⋯⋯⋯⋯⋯⋯⋯⋯⋯⋯ ▼

　　通信机房承担大规模业务运作时，所需设备种类繁多，设备内部电路复杂。为防止电磁耦合干扰、强电和雷击损害通信设备，在建立通信机房时，必须认真考虑机房防雷接地系统的建设，以保证局(站)可靠安全运行。本模块主要是针对防雷接地技术的规范要求，结合工程设计实例，从接地网建设、接地引入、防雷系统设计等几个方面对通信机房防雷接地系统建设作知识和技能的介绍。

学习导图

```
                                              ┌─────────────────────────┐
                                         ┌────┤ 任务3.1.1　接地网建设      │
                                         │    └─────────────────────────┘
                     ┌──────────────────┐│    ┌─────────────────────────┐
                ┌────┤ 项目3.1　接地系统设计 ├┼────┤ 任务3.1.2　接地引入        │
                │    └──────────────────┘│    └─────────────────────────┘
                │                         │    ┌─────────────────────────┐
┌────────────┐  │                         └────┤ 任务3.1.3　接地电阻测试    │
│模式三 防雷接地系统├─┤                              └─────────────────────────┘
└────────────┘  │                              ┌─────────────────────────┐
                │    ┌────────────────────┐ ┌──┤ 任务3.2.1　防雷系统设计    │
                └────┤ 项目3.2　防雷系统设计与保护 ├┼──┤                         │
                     └────────────────────┘ │  └─────────────────────────┘
                                             │  ┌─────────────────────────┐
                                             └──┤ 任务3.2.2　通信局房防雷保护 │
                                                └─────────────────────────┘
```

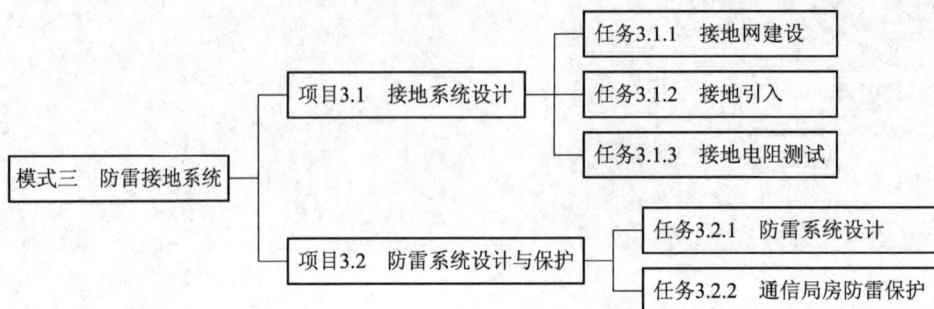

岗位能力分析

➢ **必备知识**

- 了解通信机房联合接地系统的组成和各部分的规范要求；
- 掌握通信机房防雷接地系统的内容、要求与规范。

➢ **必会技能**

- 能对通信机房的防雷接地系统进行合理的勘察设计；
- 会熟练使用地阻仪测量机房接地电阻。

项目 3.1
接地系统设计

▼

学习情境导入

通信机房中设备规模巨大，排布紧密，其所构成的电磁环境也十分复杂。为了防止人身遭受电击、设备和线路遭受损坏、预防火灾和防止雷击、防止静电损害和保障电力系统正常运行，必须在通信机房建立接地系统。接地系统是对埋在地下一定深度的多个金属接地极和由导体(接地引入线、接地线等)将这些接地极相互连接组成的网状结构的接地体的总称。它广泛应用在电力、建筑、计算机，工矿企业、通信等众多行业之中，起着安全防护、屏蔽等作用。

任务分析

通信机房作为通信各项业务的基础设施和业务保障平台，不但应该具有通常基建工作的共性，还应该综合考虑通信企业的特点，选择相对合理的建设地点和建设方案。本项目的任务主要需要考虑以下问题：

(1) 接地网的结构组成、敷设方式、安装位置等应符合设计要求。

(2) 接地引入线的安装、接地汇流的选择设置、设计规范应符合设计要求。

(3) 接地电阻应满足规范要求，应对接地电阻进行测量。

任务 3.1.1　接地网建设

📖 知识引入

接线端子的制作
和兆欧表的使用

一、接地作用及分类

接地的作用是防止人身遭受电击、避免设备和线路遭受损坏，同时防止静电损害电子设备器件和防止雷电引入损坏各种电子设备，提高通信设备和其他电子设备的屏蔽效果，保障电源系统和通信系统正常运行。为了避免触电事故，需要采取各种安全措施，而其中最简单有效和可靠的措施是采用接地保护，即将电气设备在正常情况下不带电的金属部分与接地体之间作良好的金属连接。部分设备需重复接地，以防止因保护线断线而造成的危害。此外，通信局(站)蓄电池组需要正极或负极接地，其原因是减少由于继电器或电缆金属外皮绝缘不良时产生的电蚀作用。

电气接地主要有以下类型：

1. 保护性接地

1) 保护接地

保护接地又称为防电击接地。当交流设备的绝缘损坏时，会使平时不带电的外露导体部分(金属外壳)带电，从而危害到人身安全，因此常用方式是将设备的金属外壳、线路的金属管、电缆的金属保护层、安装设备的金属支架等进行接地。

2) 防雷接地

防雷接地是为了防止建筑物或通信设施遭受到直击雷、雷电感应以及沿管线传入的高电位等引起的破坏性后果，而采取把雷电流安全泄掉的接地系统。

3) 防静电接地

防静电接地是将静电荷引入大地，防止由于静电荷积聚对人体和设备造成危害。

4) 防电蚀接地

防电蚀接地是在地下埋设金属作为牺牲阳极或牺牲阴极，保护与之连接的金属体。

2. 功能性接地

1) 工作接地

工作接地指电力系统中性点接地方式。工作接地又可分为交流工作接地和直流工作接地。在交流电力系统中，把运行需要的接地称为交流工作接地，交流工作接地一般在中性点上；直流工作接地通常是指通信局(站)直流电源的一极接地(如 -48 V 系统电源正极接地)。电力系统的中性点是指星形连接的变压器或发电机的中性点。

2) 屏蔽接地

屏蔽接地的作用是将电气干扰源引入大地，保证系统电磁兼容性的需要。屏蔽接地一方面防止外来电磁波的干扰和侵入，另一方面防止电子设备产生的高频能量向外部泄放。

3) 信号接地

信号接地是为了保证电子设备的信号具有统一的基准电位而设置的接地。信号接地可以使电子设备不致引起信号量的误差。

4) 功率接地

功率接地是所有继电器、电动机、电源装置、大电流装置、指示灯等电路的统一接地，以保证在这些电路中的干扰信号泄放到地中，不至于干扰其他灵敏信号电路的正常工作。

二、联合接地系统

通信局(站)的接地应采用联合接地方式，如图 3-1 所示。所谓联合接地方式就是按均压、等电位原理，使局(站)内各建筑物的基础接地体和其他专设接地体相互连通形成一个共用地网，并将电子电气设备的工作接地、保护接地、逻辑接地、屏蔽体接地、防静电接地以及建筑物防雷接地等共用一组接地系统的接地方式。联合接地系统由接地网、接地引入线、接地汇集线、接地汇流排和接地线组成。

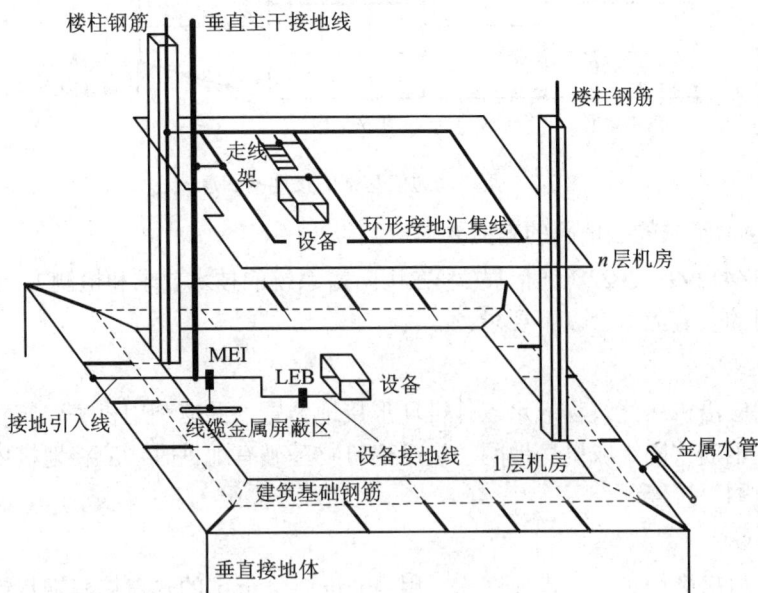

图 3-1　通信局(站)联合接地系统

通信局(站)的联合地网应利用建筑物基础混凝土内的钢筋和围绕建筑物四周外设的环形接地体，以及与之相连的电缆屏蔽层和各类管线相互保持电气连接。

任务实施

三、接地网的整体规划

1. 接地体和接地网的概念

1) 接地体

接地体又叫作接地极，是指埋入地中直接与大地接触的金属导体。

2) 接地网

接地网是对由埋在地下一定深度的多个金属接地体和由导体将这些接地体相互连接组成的接地网状结构的总称。接地网为电气设备或金属结构提供了基准电位和对地泄放电流的通道，起安全防护、屏蔽等作用。接地网有大有小，有的非常复杂庞大，也有的只由一个接地体构成，这是根据需要来设计的。

以某移动通信基站为例，该移动通信基站的接地网是由机房地网、铁塔地网和变压器地网相互连通组成的一个共用地网，如图 3-2 所示。基站地网应充分利用机房建筑基础(含地桩)、铁塔基础内的主钢筋和地下其他金属设施作为接地体的一部分。

联合接地
系统构成

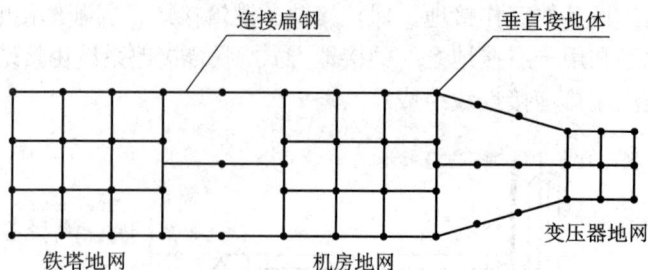

图 3-2　某移动通信基站的接地网示意图

2. 移动通信基站的接地网的安装要求

根据 GB/Z41299—2022《通信局(站)在用防雷系统的技术要求和检测方法》，移动通信基站的接地网的安装应符合以下要求：

1) 机房地网

机房地网应沿机房建筑物散水点外设环形接地装置，并应利用机房建筑物基础横竖梁内两根以上主钢筋共同组成机房地网。机房建筑物基础有地桩时，应将地桩内两根以上主钢筋与机房地网焊接连通。

2) 铁塔地网

铁塔位于机房旁边时，铁塔地网应采用 40 mm×4 mm 的热镀锌扁钢将铁塔地基四塔脚内部金属构件焊接连通组成铁塔地网，其网格尺寸不应大于 3 m×3 m。铁塔地网与机房地网之间应每隔 3～5 m 焊接连通一次，且连接点不应少于两点。

3) 变压器地网

如果电力变压器设置在机房内时，则变压器地网可共用机房和铁塔组成的联合地网；如果电力变压器设置在机房外，且距机房地网边缘大于 30 m 时，则可设立独立的地网；如果电力变压器距机房地网边缘 30 m 以内时，则变压器地网、机房地网和铁塔地网之间应焊接连通。

4) 接地网形式

(1) 当铁塔建在机房顶时，铁塔四脚应与楼(房)顶避雷带就近不少于两处焊接连通，除铁塔避雷针外，还应利用建筑物框架结构及建筑四角的柱内钢筋作为雷电引下线。接地系统除利用建筑物自身的基础还应外设环形地网作为其接地装置，同时还应在机房地网四角设置 20 m 左右的水平接地体作为辐射式接地体。

(2) 铁塔四角包含机房时，接地系统应利用建筑物基础和铁塔四角外设的环形地网作为其接地装置，接地网面积应大于 15 m×15 m。

(3) 铁塔建在机房旁边的地网时，应将机房、铁塔、变压器地网相互连通组成一个联合地网。在土壤电阻率较高的地区，应在铁塔地网远离机房一侧的铁塔两角加辐射型接地体。

(4) 自立式铁塔、抱杆或杆塔的地网应采用塔基基础内的金属作为接地体的一部分，应符合下列规定：建在建筑物上的自立式铁塔接地系统，应和建筑物的接地预留端子或避雷带相连，且宜围绕建筑物做一个地网；当使用抱杆或杆塔时，宜围绕杆塔 3 m 远范围设置封闭环形(矩形)接地体，并与杆塔地基钢板四角可靠焊接连通。杆塔地网应与机房地网每隔 3～5 m 相互焊接连通一次。没有机房时杆塔地网四角应设置长度为 20 m 左右的水平接地体作为辐射式接地体。

(5) 利用办公楼、大型建筑作为机房的地网，应充分利用建筑物自身各类与大地构成回路的金属管道，并应与大楼顶避雷带或与大楼顶预留的接地端多处点焊接连通。在条件允许时还应敲开数根柱钢筋与大楼顶部的避雷带、避雷网、预留接地端相互连接。

5) 接地电阻

基站接地网的接地电阻的阻值不宜大于 10 Ω。

典型的移动通信基站地网设计如图 3-3 所示。

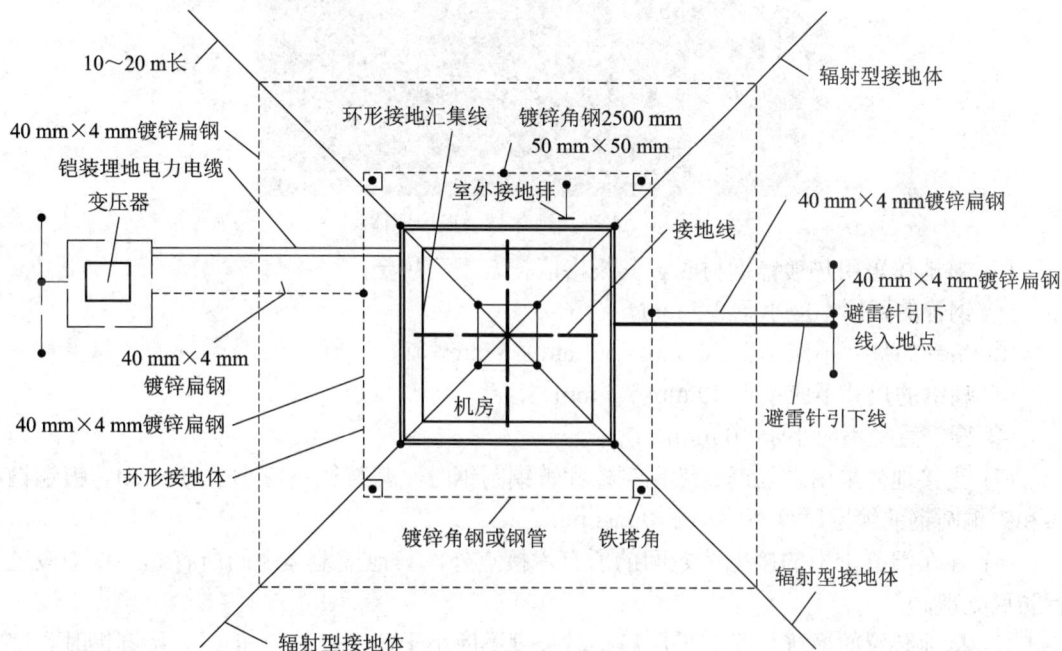

图 3-3 典型的移动通信基站地网设计图

四、敷设安装接地体

根据 GB/Z41299—2022《通信局(站)在用防雷系统的技术要求和检测方法》，对通信局(站)接地网所使用的接地体有以下要求：

(1) 接地体上端距地面不宜小于 0.7 m。在寒冷地区接地体应埋设在冻土层以下。在土壤较薄的石山或碎石多岩地区应根据具体情况确定接地体埋深。

(2) 垂直接地体宜采用长度不小于 2.5 m 的热镀锌钢材、铜材、铜包钢等接地体，也可根据埋设地网的土质及地理情况确定。垂直接地体间距不宜小于 5 m，具体数量可根据地网大小、地理环境等情况确定。地网四角的连接处应埋设垂直接地体。

(3) 在大地土壤电阻率较高的地区，当地网接地电阻值难以满足要求时，可采用向外延伸辐射形接地体的方式，也可采用液状长效降阻剂、接地棒以及外引接地等方式。

(4) 当城市环境不允许采用常规接地方式时，可采用接地棒接地的方式。

(5) 水平接地体应采用热镀锌扁钢材或铜材。水平接地体应与垂直接地体焊接连通，如图 3-4 所示。

图 3-4　水平接地体与垂直接地体

(6) 接地体采用热镀锌钢材时，其规格应符合下列规定：

① 钢管的壁厚不应小于 3.5 mm。

② 角钢的尺寸不应小于 50 mm × 50 mm × 5 mm。

③ 扁钢的尺寸不应小于 40 mm × 4 mm。

④ 圆钢直径不应小于 10 mm。

(7) 当接地体采用铜包钢、镀铜钢棒和镀铜圆钢时，其直径不应小于 10 mm。镀铜钢棒和镀铜圆钢的镀层厚度不应小于 0.254 mm。

(8) 除在混凝土中的接地体之间的所有焊接点外，其他接地体之间所有焊接点均应进行防腐处理。

(9) 接地装置的焊接长度，采用扁钢时长度不应小于其宽度的 2 倍，采用圆钢时长度不应小于其直径的 10 倍。

任务 3.1.2　接地引入

机房的接地引入

任务实施

一、等电位连接方式的选择

通信局(站)室内接地系统的等电位连接结构类型有网状、星形和网状-星形混合型接地三种结构。

网状接地结构(M 形结构)是多点接地的结构。由于通信系统可以从不同的方位就近接地，所以网状接地可以减少各类设备因接地点不同引起的电位差，且建筑物内的金属构件、电缆支架、槽架无须专门做绝缘处理，因此在通信局(站)内通信设备的施工实施较为容易。网状接地的另一主要优点是：在高频时可获得一个低阻抗网络，对外界电磁场有一定的衰减作用。其缺点是：异常电流的方向和路径很难确定，个别情况下可能会引入低频干扰。网状接地结构一般适用于分布范围较大的系统，或设备之间、设备与外界的连接线较多，而且复杂的情况。

星形接地结构(S形结构)只允许单点接地。星形接地容易解决通信系统间的低频干扰问题(在高频下较易引入干扰)。由星形接地形式衍生出的树枝型接地结构，要求从地网只引出一根垂直的主干地线到各机房的分汇流排，再由分汇流排引至各列机架。当采用星形接地结构时，系统的所有金属组件除连接点外，都应与公共连接网保持绝缘。星形接地结构的缺点是：当系统规模较大，设备间连接复杂时等电位效果较差。星形和网状接地结构可按图 3-5 所示去设计。

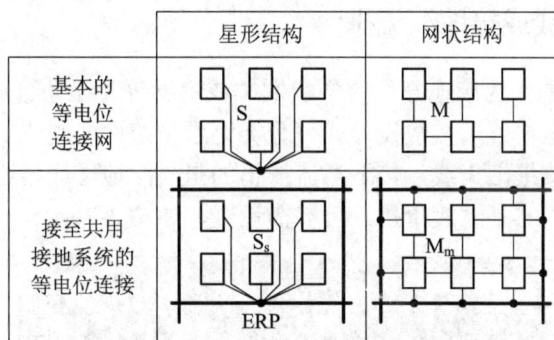

图 3-5　星形和网状接地结构

网状-星形混合型接地采用了星形和网状接地结构的优点。主体采用网状接地结构，减少了不同连接方设备接地之间的电位差，方便就近接地；有些对低频干扰较为敏感的设备，则采用局部星形接地结构。这种等电位的连接方法方便灵活，接线简便，安全性和可靠性较高。网状-星形混合型接地结构可按图 3-6 所示去设计。

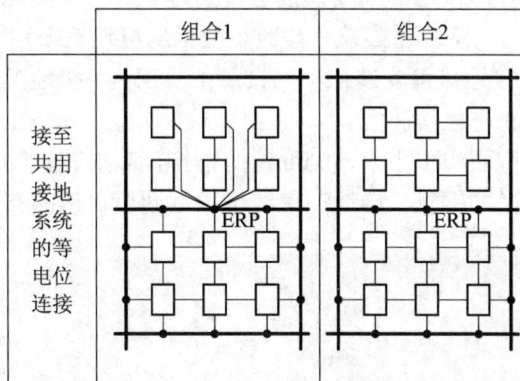

图 3-6　网状-星形混合型接地结构

二、安装接地引入线

接地引入线是接地体与总接地汇集排之间相连的连接线。接地引入线宜采用尺寸为 40 mm × 4 mm 或 50 mm × 5 mm 的热镀锌扁钢或截面积不小于 95 mm^2 的多股铜线，且铜线长度不宜超过 30 m；高层通信楼地网与垂直接地汇集线连接的接地引入线应采用截面积不小于 240 mm^2 的多股铜线，并应从地网的两个不同方向引接。接地引入线应做防腐蚀处理。

接地引入线不宜与暖气管同沟布放，埋设时应避开污水管道和水沟，且其出土部位应有防机械损伤的保护措施和绝缘防腐处理。与接地汇集线连接的接地引入线应从地网两侧就近引入。接地引入线应避免从作为雷电引下线的柱子附近引入。作为接地引入点的楼柱钢筋应选取全程焊接连通的钢筋。

三、安装接地汇集线或接地汇流排

接地汇集线指的是作为接地导体的条状铜排或扁钢等。在通信局(站)内通常作为接地系统的主干线，即接地母线，按敷设方式可分类为水平接地汇集线、垂直接地汇集线、环形接地汇集线或条形接地汇集线。接地汇流排指的是与接地母线相连，并作为各类接地线连接端子的矩形铜排，它是过渡母排，可按需设置，如图3-7所示。

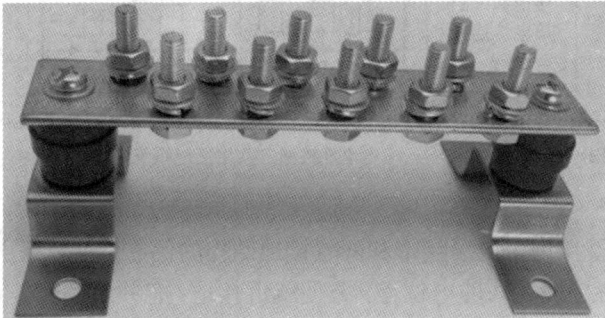

图 3-7　接地汇流排

接地汇集线宜采用环形接地汇集线或接地排的方式。环形接地汇集线宜安装在大楼地下室、底层或相应机房内，移动通信或者其他小型机房可设置在走线架上，其距离墙面(柱面)的距离宜为 50 mm，接地排可安装在不同楼层的机房内。接地汇集线与接地线采用不同金属材料互连时，应防止电化学腐蚀。

接地汇集线可采用截面积不小于 90 mm^2 的铜排，高层建筑物的垂直接地汇集线应采用截面积不小于 300 mm^2 的铜排。接地汇集线可根据通信机房的布置和大楼建筑情况在相应楼层来设置。

四、安装接地线

1. 接地线的要求

各类设备的接地端与接地汇集线或接地汇流排之间的连接导线，称为接地线。对通信局(站)的接地线有以下要求：

(1) 通信局(站)内各类接地线应根据最大故障电流值和材料机械强度来确定，宜选用截面积为 16～95 mm² 的多股铜线。

(2) 配电室、电力室、发电机室内部主设备的接地线应采用截面积不小于 16 mm² 的多股铜线。

(3) 跨楼层或同层布设距离较远的接地线应采用截面积不小于 70 mm² 的多股铜线。

(4) 各层接地汇集线与楼层接地排或设备之间相连接的接地线，距离较短时，宜采用截面积不小于 16 mm² 的多股铜线；距离较长时，宜采用不小于 35 mm² 的多股铜线或增加一个楼层接地排，应先将其与设备间用不小于 16 mm² 的多股铜线连接，再用不小于 35 mm² 的多股铜线与各层楼层接地排进行连接。

(5) 数据服务器、环境监控系统、数据采集器、小型光传输设备等小型设备的接地线，可采用截面积不小于 4 mm² 的多股铜线；当接地线较长时应加大其截面积，也可增加一个局部接地排，并应用截面积不小于 16 mm² 的多股铜线连接到接地排上。当安装在开放式机架内时，应采用截面积不小于 2.5 mm² 的多股铜线接到机架的接地排上，机架接地排应通过截面积为 16 mm² 的多股铜线连接到接地汇集线上。

(6) 光传输系统的接地线应符合下列规定：

① 在接入网、移动通信基站等小型局(站)内，光缆金属加强芯和金属护层应在分线盒内可靠接地，并应用截面积不小于 16 mm² 的多股铜线引到局(站)内总接地排上。

② 通信大楼、交换局和数据局内的光缆金属加强芯和金属护层应与分线盒内或光纤配线架(ODF 架)的接地排连接，并应采用截面积不小于 16 mm² 的多股铜线就近引到该楼层接地排上；当离接地排较远时，可就近从传输机房楼柱主钢筋引出接地端子作为光缆的接地点。

③ 光传输机架设备或子架的接地线，应采用截面积不小于 10 mm² 的多股铜线。

(7) 接地线两端的连接点应确保电气接触良好。

(8) 接地线中严禁加装开关或熔断器。

(9) 由接地汇集线引出的接地线应设明显标志。

2. 接地线的布放要求

接地线的布放应符合以下要求：

(1) 接地线与设备及接地排连接时，必须加装铜接线端子，并应压(焊)接牢固，如图 3-8 所示。

图 3-8　接地线与接地排连接安装铜接线端子

(2) 接线端子的尺寸应与接地线径相吻合。接线端子与设备及接地排的接触部分应平整、紧固，并应无锈蚀和氧化。

(3) 接地线应采用外护层为黄绿相间颜色标识的阻燃电缆，也可采用接地线与设备及接地排相连的端头处缠(套)上带有黄绿相间标识的塑料绝缘带。

此外，室内的走线架及各类金属构件也必须接地，各段走线架之间也必须采用电气连接并接地。

任务 3.1.3　接地电阻测试

📖 知识引入

地阻测量

一、接地电阻

接地电阻是电流由接地装置流入大地再经大地流向另一接地体或向远处扩散所遇到的电阻，它包括接地线和接地体本身的电阻、接地体与大地的电阻之间的接触电阻。接地电阻值体现电气装置与"地"接触的良好程度，同时也反映了接地网的规模。影响接地电阻的因素很多：接地极的大小(长度、粗细)、形状、数量、埋设深度、周围地理环境(如平地、沟渠、坡地是不同的)、土壤湿度、质地等。为了保证设备的良好接地，利用仪表对接地电阻进行测量是必不可少的。

接地电阻本质是由土壤产生的电阻，是接地装置泄放电流时表现出来的电阻。在接地电阻的测量中，我们通常采用圆钢或角钢(或铜棒、铜板)作为接地体与大地接触。流入地中的电流 I 通过接地体向大地作半球形散开，所以在距接地极越近的地方电阻越大，而在距接地极越远的地方电阻越小。因此，接地电阻的测量可以等效为简单的欧姆定律，即 $R = U/I$，其中 U 为接地体对大地零电位参考点的电位差，I 为流过接地体的电流，如图 3-9 所示。

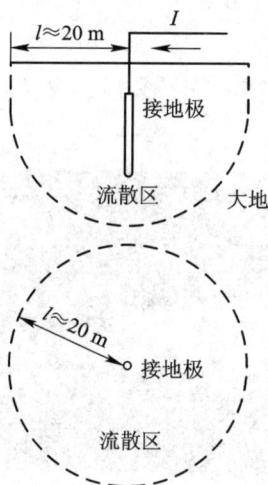

图 3-9　接地体电流在大地中的流散示意

　　不难看出为保证接地电阻测量的准确，关键就在于零电位参考点的选取。实验证明：在距单根接地体或碰地处 20 m 以外的地方，呈半球形的球面已经很大，实际已没有什么电阻存在，也不再有什么电压降。换句话说，距原接地体 20 m 处的电位已近于零，在测量中常选取该处作为辅助电压极的测量位置。

　　根据 GB/Z41299—2022《通信局(站)在用防雷系统的技术要求和检测方法》中对移动通信基站的规定，基站地网的接地电阻值不宜大于 10 Ω。

⚙ 任务实施

二、使用地阻仪测量接地电阻

　　以传统的 ZC 型手摇式地阻仪使用方法为例，来介绍接地电阻的测量方法。其外观如图 3-10 所示。

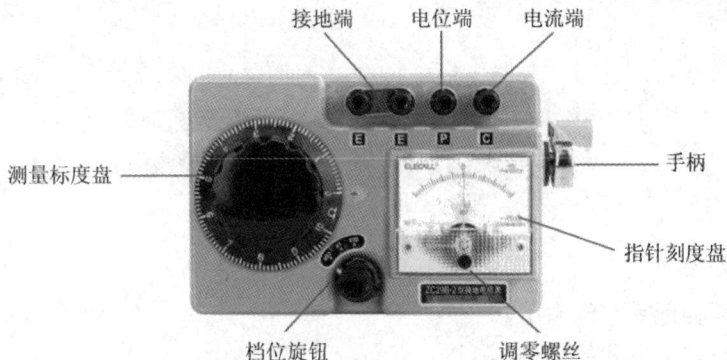

图 3-10　ZC 型手摇式地阻仪外观

　　使用其测量接地电阻前应检查测试仪是否完整，测试仪包括如下器件：地阻仪一台，辅助接地棒二根，5 m、20 m、40 m 长度的导线各一根。

　　测量步骤如下：

　　(1) 仪表端所有接线应正确无误。仪表上的 E 端钮(接地端)接长度为 5 m 的导线，P 端钮(电位端)接长度为 20 m 的导线，C 端钮(电流端)接长度为 40 m 的导线，导线的另一端分别接被测物的接地极 E，电位探棒 P 和电流探棒 C，且 E、P、C 应保持在同一直线，其间距为 20 m。仪表连线与接地极 E、电位探棒 P 和电流探棒 C 应牢固接触，如图 3-11 所示。

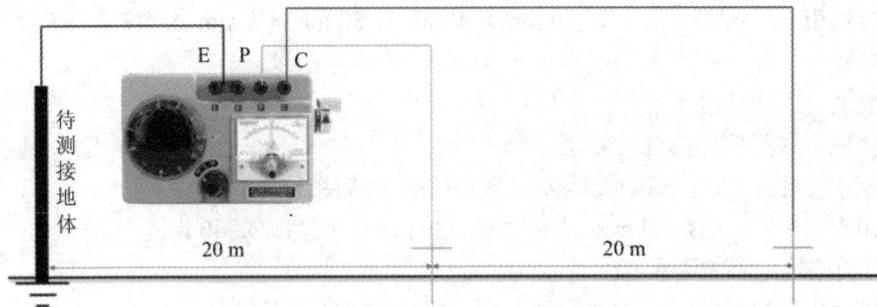

图 3-11　地阻仪接线方式

(2) 仪表放置水平后，调整调零螺丝，使指针位于中心归零位置。

(3) 将挡位旋钮置于最大倍率，逐渐加快摇柄转速，使其达到约 120 r/min。当指针向某一方向偏转时，旋动测量标度盘，使指针恢复到 "0" 点。此时测量标度盘上读数乘以倍率挡位即为被测电阻值。

(4) 如果测量标度盘上读数小于 1 时，指针仍未取得平衡，则可将倍率开关置于小一档的倍率，直至调节到完全平衡为止。

(5) 如果发现仪表指针有抖动现象，可变化摇柄转速，以消除抖动现象。

注意

- 禁止在有雷电或被测物带电时进行测量。
- 仪表在携带、使用时须小心轻放，避免剧烈震动。
- 为了保证所测接地电阻值的可靠，可改变方位重新进行复测，取几次测得值的平均值作为接地体的接地电阻。

小 试 牛 刀

一、简答题

1. 简述防雷接地系统的作用。

2. 简述联合接地方式的概念。

二、多项选择题

1. 以下属于保护性接地类型的是(　　)。

A. 保护接地　　　　　　　　　　B. 防雷接地

C. 防静电接地　　　　　　　　　D. 屏蔽接地

2. 联合接地系统由(　　)构成。

A. 接地网　　　　　　　　　　　B. 接地引入线

C. 接地汇集线　　　　　　　　　D. 接地汇流排和接地线

3. 关于接地引入线的说法正确的是(　　)。

A. 接地引入线可采用尺寸为 40 mm × 4 mm 或 50 mm × 5 mm 热镀锌扁钢

B. 接地引入线可采用截面积不小于 95 mm^2 的多股铜线

C. 接地引入线长度不宜超过 30 m

D. 接地引入线应做防腐蚀处理

4. 接地电阻测试时，辅助接地棒应分别接在距待测体(　　)处。

A. 10 m　　　　B. 20 m　　　　C. 30 m　　　　D. 40 m

5. 影响接地电阻的因素有(　　)。

A. 接地极的尺寸(长度、粗细)　　B. 接地极的埋设深度

C. 周围地理环境　　　　　　　　D. 土壤湿度、质地

三、单项选择题

1. 基站地网的接地电阻不宜大于多少( )。

A. 5 Ω　　　　　　B. 10 Ω　　　　　　C. 15 Ω　　　　　　D. 20 Ω

2. 高频开关电源的交流配电单元主要采用的交流输入方式是( )。

A. 三相三线制　　　　　　　　　　B. 三相四线制

C. 三相五线制　　　　　　　　　　D. 单相二线制

3. 电力变压器设置在机房外，且距机房地网边缘大于( )时，可设立独立的地网。

A. 20 m　　　　　　B. 30 m　　　　　　C. 40 m　　　　　　D. 50 m

四、判断题

1. 通信局(站)接地网所使用的接地体上端距地面不宜小于 0.7 m。　　　　　( )

2. 测量接地电阻前，应将地阻仪的挡位旋钮置于最小倍率。　　　　　　　( )

3. 禁止在有雷电或被测物带电时进行接地电阻测试测量。　　　　　　　　( )

能力拓展

完成新建机房接地系统的设计

为了满足某新建居民片区及周边不断增加的移动用户的业务需求，现电信公司在该片区的东边街心公园内选一空地新建一基站机房，基站天线采用铁塔安装，铁塔架在机房侧面，天线铁塔与机房室外连接关系如图 3-12 所示。未安装设备的空机房室内平面结构如图 3-13 所示。

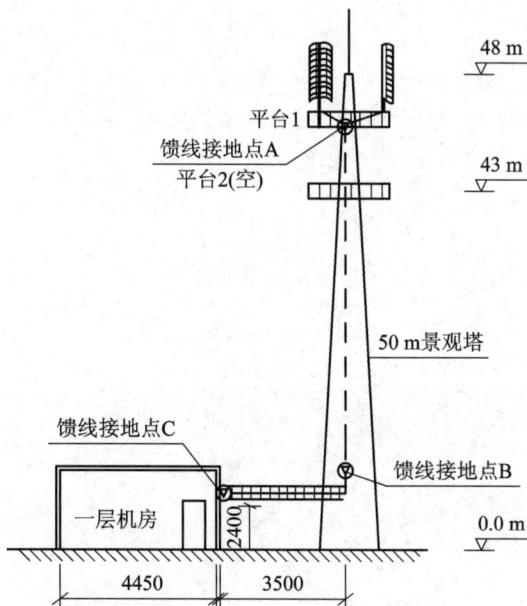

图 3-12　天线铁塔与机房室外连接关系图

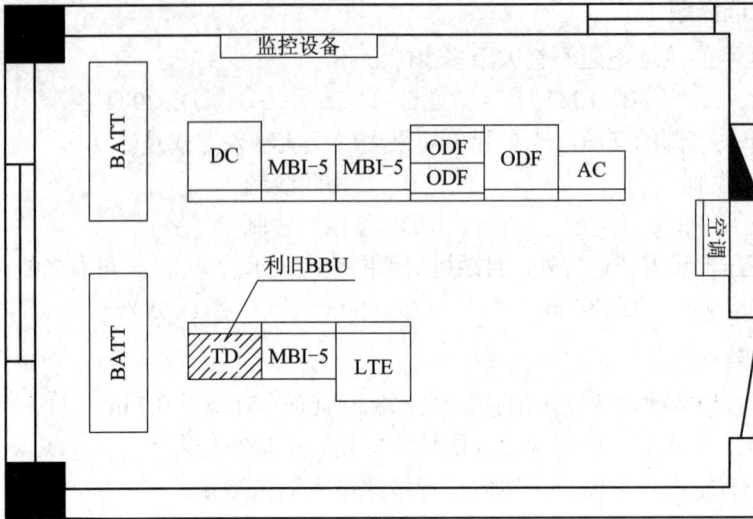

图 3-13　基站机房平面图

现对该机房进行接地系统设计，具体完成以下任务：

(1) 根据规范，对接地网、接地引入线、接地汇集线(接地汇流排)、设备接地线的布放提出要求。

(2) 确定各部分连接地线的规格。

(3) 根据机房平面图及设备配置情况，设计机房等电位连接方式。

(4) 测量接地体的接地电阻。

(5) 天馈线的接地设计。

项目 3.2

防雷系统设计与保护

▼

众所周知，雷电具有极大的破坏性，其电压为数百万伏，瞬间电流为数十万安培。雷击可能造成人员伤亡、设备及元器件损坏或寿命降低、传输和存储的数据受到干扰或丢失等危害，甚至使电子设备暂时瘫痪或整个系统停止运行。虽然通信系统电子设备的集成度越来越高，但与以前的设备相比，其耐受过电压能力低了许多，更容易遭受破坏。因此，对建筑物及内部电子信息系统要进行直击雷保护、联合接地、等电位连接、电磁屏蔽和雷电过电压保护(统称为防雷保护)。

通信局房的防雷系统需要进行全局规划、整体防护，应建立在联合接地、均压等电位的基础上，并应根据雷电的电磁场分布情况对局(站)内的接地线进行合理布放，主要有以下要点：

(1) 对防雷区进行划分。

(2) 对直击雷进行防护。

(3) 对供电系统、供电线路等进行雷电防护。

任务 3.2.1　防雷系统设计

⚙ 任务实施

通信机房防雷
接地查勘

一、雷电的危害与划分防雷区

1. 雷电的危害

雷云对大地及地面物体的放电现象称为雷击。雷击的危害主要有三方面：直击雷、感应雷和雷电过电压侵入。

1) 直击雷

直击雷是直接击在建筑物或防雷装置上的闪电。

大气中带电的雷云直接对没有防雷设施的建筑物或其他物体放电时，强大的雷电流通过这些物体入地，将产生破坏性很大的热效应和机械效应，可导致建筑物损坏和人畜死亡。此外，对于有防雷设施的通信局(站)的建筑物，当遭受直击雷时，雷电流可能通过接闪器、引下线和接地体入地泄放，导致地电位升高，此时如果没有良好的等电位连接等防护措施，可能会产生地电位反击损坏设备的现象。移动通信基站宜尽量增大机房接地引入线与雷电流引下线在地网上引接点的距离，以减轻地电位反击对机房内设备的影响。

2) 感应雷

感应雷是雷云放电时对电气线路或设备产生静电感应或电磁感应所引起的感应雷电流与过电压。

大部分雷击为感应雷击。在导线中产生的感应雷电流比直击雷电流小很多，一般幅值在 20 kA 以内。

3) 雷电过电压侵入

因特定的雷电放电，在系统中一定位置上出现的瞬态过电压，称为雷电过电压。

通信系统的外引线在距离通信局(站)稍远的地方遭到雷击，部分雷电过电压将沿这些外引线进入机房设备中。

2. 防雷区的划分

通信电源系统的防雷保护采用分区保护和多级保护相结合的措施。防雷区应以其交界处的电磁环境有明显改变作为划分不同防雷区的依据。在两个防雷区的界面上，应将所有通过界面的金属物做等电位连接，并宜采取屏蔽措施，将需要保护的空间宜划分成不同的防雷区。防雷区分区原则如图 3-14 所示。

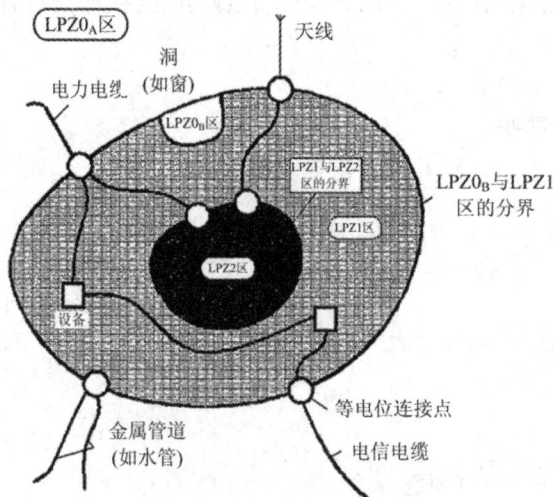

图 3-14　防雷区分区原则

防雷区宜按下列要求分区：

(1) 本区内的各物体都可能遭受直接雷击并承载全部雷电流，本区的雷电电磁场没有衰减，应为 LPZ0$_A$ 区。

(2) 本区内的各物体不可能遭受直接雷击，但本区内的雷电电磁场的量级与 LPZ0$_A$ 区一样，应为 LPZ0$_B$ 区。

(3) 本区内的各物体不可能遭受直接雷击，流经各导体的电流比 LPZ0$_B$ 区小，本区内的雷电电磁场可能衰减，应为 LPZ1 区。

(4) 当需要进一步减小雷电流和电磁场时，应增设后续防雷区。

以移动通信基站为例，可按图 3-15 划分防雷区，各防雷区应包括下列内容：

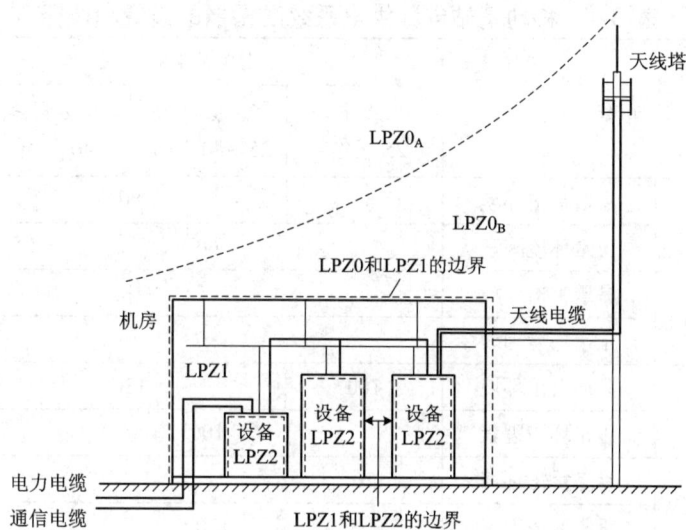

图 3-15　移动通信基站防雷区的划分

(1) LPZ0(包括 LPZ0$_A$、LPZ0$_B$)区的设施应包括天线塔、天线、外部架缆线、各类室外馈电线缆、低压配电变压器、接地系统。

(2) LPZ1 区的设施应包括移动通信基站站房、埋地缆线、内部缆线。

(3) LPZ2 区的设备应包括机柜及其内部设备。

二、选定浪涌保护器

浪涌保护器(SPD)也叫防雷器，是一种为各种电子设备、仪器仪表、通信线路提供安全防护的电子装置，如图 3-16 所示。当电气回路或者通信线路中因为外界的干扰突然产生尖峰电流或者尖峰电压时，浪涌保护器能在极短的时间内导通分流，从而避免浪涌对回路中其他设备的损害。

根据 GB50689—2011《通信局(站)防雷与接地工程设计规范》的规定，通信局(站)交流电源系统的雷电过电压保护应采用多级保护、逐级限压的方式。在使用多级保护时，各级防雷器之间应保持不小于 5 m 的退耦距离或增设退耦器件。通信局(站)交流配电系统应使用限压型防雷器，其标称导通电压宜取 $U_n = 2.2U(U$ 为最大运行工作电压)。移动通信基站、接入网站

图 3-16　浪涌保护器

等中小型站点所使用的交流配电系统防雷器的最大持续运行工作电压不宜小于 385 V。

通信局(站)各级保护点可根据实际情况选择在变压器低压侧、低压配电室(柜)、楼内(层)配电室(井)、交流配电屏(箱)、用电设备配电柜及精细用电设备端口等处。多级保护应根据当地的雷电环境因素、供电系统的分布范围和分布特点及站内等电位连接情况来确定。

交流电源供电系统第一级 SPD 的最大通流容量应根据通信局(站)性质、地理环境和当地雷暴日数量来确定。以移动通信基站为例，移动通信基站电源供电系统防雷器的设置和选择应符合表 3-1 的规定。表中雷电流值为最大通流容量(I_{max})。

表 3-1　移动基站电源供电系统防雷器的设置和选择

环境因素			雷电流/kA			安装位置
			雷暴日<25 天/年	雷暴日=25～40 天/年	雷暴日≥40 天/年	
第一级	L 型	易遭雷击环境	60	80		交流配电箱旁边或者交流配电箱内
		正常环境因素	60			
	M 型	易遭雷击环境	80		100	
		正常环境因素	80			
	H 型	易遭雷击环境	100	120		
		正常环境因素	100			
	T 型	易遭雷击环境	120*	150*		
		正常环境因素	120*			
第二级			—	40		开关电源
直流保护			—	15		直流输出端

注：(1) *表示采用二端口防雷器或加装具有自恢复功能的智能重合闸过流保护器。

(2) 移动通信基站系统防雷接地采取的措施应根据下列主要因素来确定：基站所处的地理环境，如在城市、郊区、山区或易遭受雷击的地区；基站所处地区的年雷暴日；雷电保护区的划分；基站的分类(机房建筑物与铁塔的关系)；铁塔或桅杆；公共建筑物或民用建筑物；基站内所配置的设备与系统；供电方式；所在地的供电电压波动情况。

(3) 站内、外使用的电源配电箱应安装断路开关或加装具有自恢复功能的智能重合闸过流保护器，不得安装漏电开关。

(4) 移动通信基站防雷应根据其所处地区的地理环境影响因素划分防护等级(L 型、M 型、H 型、T 型)，防护等级主要根据雷电保护区的划分、地理环境、年雷暴日、遭受雷击频次、供电电压的稳定性、基站的重要性等影响因素确定。移动通信基站根据其所处地区的地理环境影响因素，按下列要求分类：闹市区公共建筑物、专用机房且在雷暴日为少雷区或中雷区的基站，为 L 型(较低风险型)；城市中高层孤立建筑物的楼顶机房、城郊、居民房、水塘旁以及无专用配电变压器供电且在雷暴日为中雷区或多雷区的基站，为 M 型(中等风险型)；丘陵、公路旁、农民房、水田中、易遭受雷击的机房且在雷暴日为多雷区或强雷区(包括中雷区以上有架空电源线引入的机房)的基站，为 H 型(较高风险型)；高山、海岛且在雷暴日为多雷区或强雷区的基站，为 T 型(特高风险型)。

(5) 设在居民区的基站应在其建筑物的配电箱内加装 SPD，其最大通流容量不应小于 60 kA，并应在临近建筑物的配电箱加装相应等级的 SPD。

安装电源防雷器时应注意以下规范：

(1) 在通信局(站)的建筑设计中，应在 SPD 的安装位置预留接地端子。

(2) 用于电源的 SPD 的连接线及接地线截面积应符合表 3-2 的规定。

表 3-2 用于电源的 SPD 的连接线及接地线截面积

名 称	多股铜线截面积 S/mm^2		
配电电源线	$S \leqslant 16$	$S \leqslant 70$	$S > 70$
引接线	S	16	16
接地线	S	16	35

(3) 使用模块式电源 SPD 时，引接线长度应小于 1 m，SPD 接地线的长度应小于 1 m。

(4) 使用箱式 SPD 时，引接线和接地线长度均应小于 1.5 m。

(5) 各类 SPD 的接线端子应采用与接地线截面积相适应的铜材料制造。

(6) SPD 的引接线和接地线应通过接线端子或铜鼻子连接牢固。铜鼻子和缆芯连接时，应使用液压钳紧固或进行浸锡处理。

(7) 电源 SPD 的引接线和地线应布放整齐，并应在机架上进行绑扎固定，走线应短直，不得盘绕。

任务 3.2.2 通信局房防雷保护

任务实施

一、直击雷的保护

通信局房首先要防止直击雷的危害。到目前为止，世界上还没有一种方法或装置能阻止雷电的产生。通过金属材料接闪、引下并导入大地，是目前唯一有效的外部防雷方法。以移动基站为例，防护直击雷的规定如下：

(1) 移动通信基站天线、机房、馈线、走线架等设施均应在避雷针的保护范围内，保护范围宜按滚球法来计算。

(2) 移动通信基站天线安装在建筑物顶上时，天线应设在抱杆避雷针的保护范围内，移动通信基站可不另设避雷针。

(3) 铁塔避雷针应采用 40 mm × 4 mm 的热镀锌扁钢作为引下线。若确认铁塔金属构件电气连接可靠，则可不设置专门的引下线。

二、低压供电系统的防雷保护

通信电源系统的防雷必须采用分级保护。以移动通信基站为例，其低压供电系统的第一级防雷为 B 级防雷，其 SPD 设置在机房三相交流电源的输入端(设在总配电屏或总配电箱处)，用以泄放雷电的绝大部分能量；第二级防雷为 C 级防雷，其 SPD 设置在开关电源

系统交流配电部分的输入端，用以泄放雷电的剩余能量；第三级防雷为 D 级防雷，其 SPD
设置在开关整流器以及 UPS 的输入端，用以泄放雷电剩余的微小能量；第四级防雷为 E
级防雷，用以吸收能量很小的浪涌，通常为直流保护，其 SPD 设置在开关电源系统直流配
电部分的输出侧或通信设备的直流电源的输入端。

三、机房馈线系统的防雷保护

以移动通信基站为例，一般机房馈线系统应满足以下要求：

(1) 铁塔上架设的馈线及其他同轴电缆金属外护层应分别在天线处、离塔处以及机房
入口处外侧就近接地；当馈线及其他同轴电缆的长度大于 60 m 时，宜在铁塔中部增加一
个接地点，接地连接线应采用截面积不小于 10 mm² 的多股铜线。

(2) 为便于馈线及其他同轴电缆金属外护层在机房入口处妥善接地，宜在机房入口处
室外侧设置馈线接地排，就近与机房地网作可靠连接。

机房入口处的馈线接地线应接至馈线接地排，馈线接地线的走向应为天线朝机房的方
向。馈线接地排也可以设置在馈线口的室内侧，但必须确保馈线接地排与包括走线架在内
的其他金属体和墙体绝缘，馈线接地排与地网的连接方式不变。

(3) 室外走线架始末两端均应接地。在机房馈线口处的接地应单独引接地线至地网，
不能与馈线接地排相连，也不能与馈线接地排合用接地线。

(4) 对于水平敷设距离较长的馈线和其他同轴电缆金属外护层，应在水平拐角处就近
接地。

(5) 移动通信基站建在郊区、山区、市内孤立高大的建筑物上(或地处中雷区以上)，且
馈线较长时，可在机房入口处安装馈线 SPD(或在设备中内置 SPD)。馈线 SPD 的接地端应
采用多股绝缘铜导线就近与馈线接地排连接。

馈线 SPD 的插入损耗应不大于 0.2 dB，驻波比不大于 1.2，最大输入功率满足发射机
最大输出功率的要求，安装与接地方便，具有不同的接头，同轴型 SPD 与同轴电缆接口应
具备防水功能。馈线 SPD 的标称放电电流应不小于 5 kA。

(6) 利用非自建房作基站机房且天线安装在建筑物上部时，馈线接地排宜与楼顶避雷
带或避雷网预留的接地端相连。

(7) 基站安装微波通信设备时，应将室内和室外单元可靠就近接地，内外单元之间的
射频线的金属外护层应在上部、下部就近与铁塔或地网相连通，在进机房前应与馈线接地
排可靠连接。

小 试 牛 刀

一、简答题

1. 简述防雷区的划分原则。

2. 简述浪涌保护器(SPD)的工作原理。

二、多项选择题

1. 以下关于直击雷防护的说法正确的有(　　)。

A. 没有一种方法或装置能阻止雷电的产生

B. 移动通信基站天线、机房、馈线、走线架等设施均应在避雷针的保护范围内

C. 移动通信基站天线安装在建筑物顶上时，天线应设在抱杆避雷针的保护范围内，移动通信基站可不另设避雷针

D. 若确认铁塔金属构件电气连接可靠，可不设置专门的引下线

2. 联合接地系统由以下(　　)构成。

A. 接地网　　　　　　　　　　　B. 接地引入线

C. 接地汇集线　　　　　　　　　D. 接地汇流排和接地线

3. 关于接地引入线的说法正确的是(　　)。

A. 接地引入线可采用 40 mm × 4 mm 或 50 mm × 5 mm 的热镀锌扁钢

B. 接地引入线可采用截面积不小于 95 mm² 的多股铜线

C. 接地引入线长度不宜超过 30 m

D. 接地引入线应做防腐蚀处理

三、单项选择题

1. 雷击的主要危害不包括(　　)。

A. 直击雷　　　　　　　　　　　B. 感应雷

C. 雷电过电压侵入　　　　　　　D. 电磁脉冲

2. 下列不包括在移动通信基站 LPZ0 防雷区的是(　　)。

A. 天线塔　　　　B. 接地系统　　　　C. 基站站房　　　　D. 外部架缆线

3. 通信局(站)交流配电系统应使用限压型防雷器，其标称导通电压宜取 $U_n = ($　　$)U(U$ 为最大运行工作电压)。

A. 2.2　　　　　　B. 2.3　　　　　　C. 2.4　　　　　　D. 2.5

四、判断题

1. 铁塔上架设的馈线及其他同轴电缆金属外护层应分别在天线处、离塔处以及机房入口处外侧就近接地。　　　　　　　　　　　　　　　　　　　　　　　(　　)

2. 使用模块式电源 SPD 时，引接线长度应小于 1.5 m。　　　　　　　　(　　)

3. 对于水平敷设距离较长的馈线和其他同轴电缆金属外护层，应在水平拐角处就近接地。　　　　　　　　　　　　　　　　　　　　　　　　　　　　　　　(　　)

能 力 拓 展

完成新建机房防雷系统的设计

沿用 3.1 节的能力拓展，在此基础上，完成对该机房的防雷系统设计，具体要完成以下任务：

(1) 根据防雷的要求，对基站机房设置地点的周边环境进行规划。

(2) 基站机房直击雷防护设计。

(3) 基站机房感应雷防护设计。

(4) 天馈线、电源线及信号传输线缆的防雷设计。

模块四

通信局房空调

【 模块描述 】 ⋯⋯⋯⋯⋯⋯⋯⋯⋯ ▼

通信局房电源系统是通信建设工程中，不可或缺的一个组成部分。无论是在中心机房、汇聚机房或者普通基站，都离不开空调对机房环境进行调节，尤其是中心机房。在大型中心机房中，因为机房面积大，设备数量多，散发热量高，制冷困难，所以需要专门的通信机房空调系统进行温湿度调节。本模块主要通过对舒适性空调和专用空调区别的介绍，了解机房专用空调的基本特征以及它在通信机房中的重要地位。本模块主要通过对机房空调的设备选型、负荷计算、机房空调安装与维护来展开学习。

学习导图

```
                                              ┌── 任务4.1.1  通信局房空调设备的选型
                      项目4.1  通信局房空调设备的选型 ──┤
                             与负荷计算          └── 任务4.1.2  通信局房空调系统的负荷计算
模块四  通信局房空调 ──┤
                                              ┌── 任务4.2.1  通信局房空调设备的安装
                      项目4.2  通信局房空调设备的安装与维护 ──┤
                                              └── 任务4.2.2  通信局房空调设备的维护
```

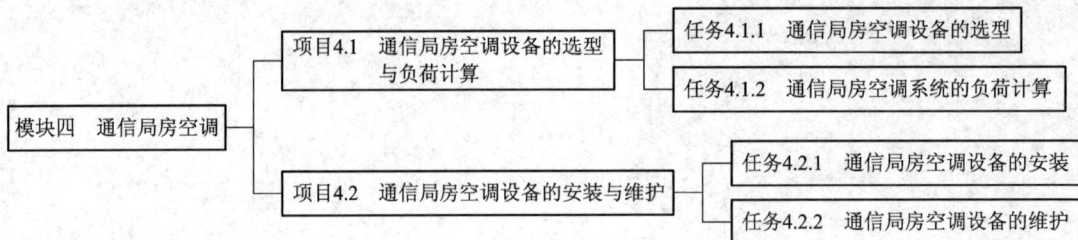

岗位能力分析

> **必备知识**

- 了解空调机安装注意事项；
- 了解空调系统工程验收时需要注意的要点；
- 了解空调系统维护的基本要求；
- 了解舒适性空调和机房专用空调的区别。

> **必会技能**

- 掌握制冷量的计算方法；
- 掌握热量的单位换算；
- 掌握空调设备的选型与负荷计算；
- 能完成通信局方空调系统的设计。

项目 4.1
通信局房空调设备的选型与负荷计算

▼

学习情境导入

在机房新建完毕即将投入使用时，必须要考虑的问题便是该机房应该如何选用空调设备，其中涉及的便是空调型号、功率大小、送风量、调温速度等等。机房的大小不同，对应的空调型号就有些许差异，甚至在非常大的机房中，还需要专门建设空调的送风通道，使空调可以更加方便快捷地调节机房整体温度、湿度环境。

本次机房空调选型项目，将会通过一个具体的机房实例进行展开。

任务分析

空气调节简称空调，是一种使房间或封闭空间的空气温度、湿度、洁净度和气流速度等参数达到给定要求的技术。实现空气调节功能的设备称为空调设备或空调器，通常把空调设备或空调器也简称为空调。

空调的对象是室内空气，即对室内空气进行冷却、加热、除湿、加湿及净化等处理。为此下面首先介绍空气调节的相关基础知识，即空气的组成和常用状态参数。

任务 4.1.1　通信局房空调设备的选型

📖 知识引入

通信机房专用
空调认识

一、空气调节的基础知识

1. 湿空气

自然界的空气中或多或少都含有一些水蒸气，我们把含有水蒸气的空气称为湿空气。完全不含水蒸气的空气称为干空气。湿空气是干空气和水蒸气的混合物，通常简称为空气。

干空气是由氮和氧及其他少量气体组成的，在自然状态下，干空气中各组成成分比较稳定，如以体积百分数表示的话，氮占 78%，氧占 21%，其他所有气体占 1%。而湿空气中水蒸气的比例不是固定的，通常会发生变化。

2. 湿空气的状态参数

湿空气的物理性质不仅取决于空气的组成成分，而且还与所处的状态有关，表示湿空气状态的参数称为状态参数，常用的状态参数如下：

1) 温度

温度是表示物体冷热程度的物理量。测量温度的标尺称为温标，常用温标有摄氏温标、华氏温标和开氏温标。

(1) 摄氏温度(℃)：摄氏温度用 t 表示，单位符号为℃。摄氏温度是指在一个标准大气压下，以水的冰点为零度，沸点为 100 度，把其间分为 100 等份，每一等份为 1 摄氏度，记作 1℃。按此分割制成的温度计，称为摄氏温度计。

(2) 华氏温度(℉)：华氏温度用 F 表示，单位符号为℉。华氏温度是指在一个标准大气压下，水的冰点为 32℉，沸点为 212℉，把冰点与沸点之间分为 180 等份，每一等份为 1 华氏度，记作 1℉。按此分割制成的温度计称为华氏温度计。

(3) 开氏温度(K)：开氏温度又称绝对温度，用 T 表示，单位符号为 K。开氏温度是指在一个标准大气压下，水的冰点为 273 K，沸点为 373 K，把冰点与沸点之间分为 100 等份，每一等份为 1 开氏度，记作 1 K。

三种温标关系如下：

$$F = 1.8t + 32℉$$
$$t = (F - 32℉)/1.8$$
$$T = 273 \text{ K} + t$$
$$t = T - 273 \text{ K}$$

2) 湿度

湿度用来反映空气中水蒸气的含量，通常用含湿量、相对湿度和绝对湿度来表示。

(1) 含湿量：是湿空气中水蒸气的质量(g)与干空气的质量(kg)之比，用 d 表示，单位为 g/kg。它确切地表达了空气中实际含有的水蒸气量。

(2) 绝对湿度：每立方米湿空气中所含水蒸气质量的多少，称为绝对湿度。

(3) 相对湿度：事实证明，在一定温度下，一定质量的空气只能容纳一定质量的水蒸气，当水蒸气质量超过其最大值时，空气中的水蒸气就会凝结为水。在一定温度下，一定质量的空气中所含的水蒸气达到了最大值的湿空气，称为饱和空气。水蒸气含量达到饱和的条件与空气的温度有关，温度高则能容纳的水蒸气含量大，反之能容纳的水蒸气含量小。相对湿度是指在一定温度下，空气中水蒸气的实际含量接近饱和空气的程度，也可以称为饱和度，用ϕ表示。

人体感觉舒适的相对湿度约为 50%～70%，通信机房对相对湿度的要求，不同类型的机房要求有所不同，最宽允许范围为 20%～85%。相对湿度偏低容易产生静电危害，相对湿度偏高则会使金属材料氧化腐蚀，并且会降低绝缘材料的绝缘强度。

3) 露点温度

露点温度是指湿空气开始结露的温度，即在含湿量不变的条件下，所含水蒸气量达到饱和时的温度。

空气的相对湿度越高，越容易结露；空气的温度越低，越容易结露。物体表面是否会结露，取决于两个因素：物体的表面温度和空气露点温度。当物体的表面温度低于空气露点温度时，物体表面就会结露。例如，在空调系统中，当制冷剂通过蒸发器时，若蒸发器的表面温度低于空气的露点温度，则蒸发器表面结露，析出冷凝水，由接水盘收集后通过泄水管排入下水道。空调使空气冷却除湿，就是利用这一原理实现的。

4) 水蒸气分压力

空气中的水蒸气单独占有空气的体积，并具有与空气相同温度时所产生的压力，称为水蒸气压力，单位为 Pa。

水蒸气分压力的大小，反映了空气中水蒸气含量的多少。在一定温度下，空气中水蒸气含量越多，水蒸气分压力就越大；饱和空气所对应的水蒸气分压力，称为饱和分压力。

任务实施

二、通信机房空调应对室内环境满足的要求

1. 温度、相对湿度和洁净度

通信机房的温度、相对湿度和灰尘粒子浓度等，根据通信设备的技术要求来确定，一般要符合表 4-1 的要求。表 4-1 中机房的温度、湿度，是指在地面上方 2 m 和设备前方 0.4 m 处测量的数值，测量时通信机房内的温度变化率应小于 5℃/h(不得出现凝露)。

表 4-1 通信机房温度、湿度及防尘要求

机房类别[1]	温度/℃	相对湿度/%	灰尘粒子浓度[4]
一类通信机房	10～26	40～70	
二类通信机房	10～28	20～80[2]	
三类通信机房	10～30	20～85[3]	
变配电机房	5～40		
发电机组机房	5～40		

注：(1) 一类通信机房范围：DC1、DC2 长途交换机；骨干/省内转接点；骨干/省内智能网 SCP；一二级干线传输枢纽；骨干/省内骨干数据设备；国际网设备；省际网设备；省网网络设备；全国集中建设承担全网或区域性业务的业务系统；光传送网一级干线设备；相关动力机房等(其中不属于重要的动力机房可按二、三类要求执行)。二类通信机房为：汇接局；关口局；本地智能网 SCP；本地传输网骨干节点；本地数据骨干节点；IDC 机房；VIP 基站；交换设备、传输设备、数据通信设备的通信机房；相关动力机房等。三类通信机房为：市话端局通信机房；城域网汇聚层数据机房；长途传输中继站；普通基站；相关动力机房等。

(2) 温度在 28℃ 以下不得有凝露。

(3) 温度在 30℃ 以下不得有凝露。

(4) 通信机房内的灰尘粒子不能是导电的、铁磁性的腐蚀性的粒子，其浓度可分为三级。一级：直径大于 0.5 μm 的灰尘粒子浓度不大于 350 粒/L；直径大于 5 μm 的灰尘粒子浓度不大于 3 粒/L。二级：直径大于 0.5 μm 的灰尘粒子浓度不大于 3500 粒/L；直径大于 5 μm 的灰尘粒子浓度不大于 30 粒/L。三级：直径大于 0.5 μm 的灰尘粒子浓度不大于 18 000 粒/L；直径大于 5 μm 的灰尘粒子浓度不大于 300 粒/L。

为了节能降耗，在保证通信设备正常运行的前提下，通信机房的温度宜冬季尽可能靠近下限，夏季尽可能靠近上限。

应防止对通信设备有腐蚀性的气体、对人体有害的气体以及易燃易爆的气体流入通信机房。机房门窗应密闭防尘，墙壁、地板、顶棚等凡与空气接触的表面应做到不起尘。蓄电池放出的有害气体应排出室外。

对于需要配置专用空调的机房，应具备制冷、滤尘、温度、湿度自动控制功能和低湿告警功能，其温湿度传感器应安装在回风口。专用机房应能连续工作，并要考虑有备用。

当机房的加湿和除湿度达不到湿度要求时，应采取辅助加湿、除湿措施，如安装滤尘加湿机或除湿机。

2. 气流组织

通信机房应气流组织合理，保持正压，送风畅通，能充分利用空调送入空气的冷量，有效冷却机房设备。空调送、回风宜采用如下方式：

(1) 不设防静电地板时：风帽上送风，空调正面下侧回风；风道上送风，空调正面下侧回风，风道的高度应满足通信设备的要求。

(2) 设有防静电地板时：地板下送风，空调顶部上回风或吊顶回风。对散热量大的机房，宜尽可能采用上走线的方式；如采用下走线，应防止空调送风通道被堵塞，并要有防止冷凝水滴漏的措施。防静电地板下面离地面应有 $400\sim500$ mm 的距离，且布放缆线要设走线槽。

(3) 采用悬吊安装的空调设备时：空调设备和风管出口不应安装在通信设备的上方。

3. 新风量

对于有人值守的机房，必须保证机房内有足够的新风量。以同时工作的人员最大数量来计算，每人新鲜空气量应不小于 30 m³/h。

三、通信机房空调设备的类型

为保证通信设备正常工作，保证通信网络畅通无阻，空调设备已经成为通信机房不可或缺的装置。通信机房常用到以下几种类型的空调：

1. 普通空调(舒适性空调)

通信机房所用的普通空调，即一般的房间空调器，也称为舒适性空调(多用热泵型或热泵辅助电热型分体式空调器)，这是目前小型通信机房应用最广泛的空调设备之一。

1) 舒适性空调的电气设备条件

(1) 具备高电源适应性。

要求空调机全部元器件在电压 $380\times(1\pm20\%)$V 的范围内正常工作，超出此电压范围会自动保护，电压恢复到此范围会自动启动；要求具备提示、告警功能，并能够在电源恢复正常时自动启动(自动启动应恢复到停机前设定的状态)。对三相空调，要求空调机具备相序保护、缺相保护的功能。

(2) 空调机工作的室外环境温度范围应满足如下要求。

单冷型：机组在 $5\sim45℃$ 范围内应保证正常制冷；

冷暖型：机组在 −5～45℃ 范围内应保证正常制冷，在 −15℃ 时应保证制热。

(3) 空调机应具备相序容错功能，即 ABC 三相发生错相时，空调应能保持正常运转。

2) 舒适性空调的控制精度要求

舒适性空调的控制精度应达到表 4-2 所示的要求。

表 4-2　舒适性空调的控制精度要求

显热比(显冷量/总冷量)	>0.8
能效比 EER	>2.5
送风量	3HP 机≥1500 m³/h，5HP 机≥2000 m³/h
温度控制精度	室内温度控制范围为 18～30℃，温度调节精度为±2℃
湿度控制精度	室内湿度控制范围为(20%～80%)RH，湿度调节精度为(1%～30%)RH
噪声(空调制冷时室外机距机组 1 m 处)	3HP 机的噪声值低于 60 dB(A)，5HP 机的噪声值低于 65 dB(A)

分体式空调器分为室内机组和室外机组两部分。室内机组由室内换热器、风机、空气过滤器和电控装置等组成；室外机组由压缩机、室外换热器和风机等组成。室内机组和室外机组通过管道和导线连接。

2. 机房专用空调

计算机房和程控交换机等机房，需要严格控制房间的温度、湿度、气流速度和洁净度，并要有所需的新风量，通常采用机房专用空调设备和新风风机来实现。机房专用空调设备也要选用恒温恒湿空调，具有大风量、小焓差、恒温恒湿、自动化控制精度高等等特点，其控制精度要求如表 4-3 所示。

表 4-3　恒温恒湿空调的控制精度要求

显热比(显冷量/总冷量)	>0.9
能效比 EER	>3
温度控制精度	室内温度控制范围为 18～30℃，温度调节精度为 ±1℃，控制精度在 1～3℃ 可调
湿度控制精度	室内湿度控制范围为(30%～70%)RH，湿度控制精度为 ±5%，控制精度应在 5%～10% 可调

机房专用空调设备主要由 6 个部分组成：制冷子系统、加热子系统、供风子系统、加湿子系统、除湿子系统和控制子系统。

1) 制冷子系统

制冷子系统利用制冷剂在蒸发器、压缩机、冷凝器、膨胀阀等部件中循环流动，进行热力变化，从而为空调设备提供冷源。冷却方式主要有风冷式和水冷式两种。

2) 加热子系统

加热装置补充热量使通信机房达到温度要求，一般采用电加热管(常用低瓦数翅片式)，具有过热安全保护装置；通常为三级控制，使能量得以合理利用。

3) 供风子系统

供风子系统用于保证足够大的送风量，通常由电动机、风机、空气过滤网组成。

风机一般采用离心式，电动机与风机之间采用皮带传动或直联式驱动。在风道系统设置了空气过滤装置。

新风系统一般由新风机、进风百叶、防火阀等组成。排风设备一般在消防工程中考虑。

通常机房专用空调设备处理的空气由新风和回风混合而成，新风量应能达到室内总风量的 5%，以保持室内正压，并满足有人值守时每人新鲜空气量为 30 m³/h 的要求。

4) 加湿子系统

在机房专用空调设备中，加湿一般采用电极式加湿器或红外线加湿器。加湿系统给通信机房增加湿度以达到湿度要求。

5) 除湿子系统

在机房专用空调设备中，常采用两种方式进行除湿，即通过降低风机转速或减小制冷剂流过室内蒸发器的面积，使流经蒸发器的空气低于露点温度，产生冷凝而除湿。

6) 控制子系统

多采用微电脑控制系统，一般由传感元件、主控制板、辅助控制板、I/O 板(接口板)以及执行元件所组成。

控制子系统应具备以下功能：压缩机的启动及保护；温、湿度，冷、热切换及空调功能选择；电源保护；自动报警及告警显示；可实现遥信、遥测和遥控。

3. 中央空调

普通空调设备和机房专用空调设备都属于局部式空调系统，用以进行区域性局部空气调节。大型通信局通常采用中央空调系统。

中央空调系统有集中式系统和半集中式系统两种类型。

1) 集中式空调系统

集中式空调系统将所有的空气处理设备都集中在专用的空调机房内。空气经过处理后由送风管道送入空调房间。根据送风的特点，它又可分为单风道系统、双风道系统和变风量系统。

2) 半集中式空调系统

风机盘管加独立新风系统是典型的半集中式空调系统。生产冷、热水的冷水机组、热水器和输送冷、热水的水泵等设备集中设置在空调机房内，空气处理末端设备(风机盘管机组等)则分散设置在各空调房间内。经冷源(如冷水机组)降温或热源(如锅炉)加热的冷水或热水，通过水管管网分别送入各空调房间的风机盘管机组和新风机，用以对空调房间的空气进行处理，在风机盘管和新风机内完成了热湿交换任务的冷、热水又通过水管管网回到冷、热源，重新被降温或加热。

风机盘管机组由风机、肋片管式水-空气换热器和接水盘等组成，一个房间内可设置一台或多台，主要处理空调房间的循环空气。新风机对新风作预案处理，可集中设置，也可以分区设置，均通过新风送风管向各空调房间输送经过预处理的新风。

这种中央空调系统由冷水机组、冷却设备、热水器、水泵、水管管网、新风系统、风机盘管机组、排风设施和控制设备等组成。其中，冷水机组由压缩机、冷凝器、膨胀阀、蒸发器、制冷剂(如 R22)、控制系统和保护装置等构成，一般可向空调系统提供 5～12℃的冷水。冷却设备由冷却塔和冷却水泵等构成。

4. 一体化空调

带自由节能技术的一体化空调也被移动基站广泛使用。这种空调是将冷凝器与室内主机同机架，即采用一体化结构设计，结构紧凑；整个机组安装在室内，安装简单方便，占用空间小。一体式机房空调具备新风节能、大风量、高显热、高效过滤、网络控制等功能，满足机房的高负荷长时间连续运转的散热要求。

任务 4.2.2　通信局房空调系统的负荷计算

空调制冷量计算

任务实施

对空调类型有了一定的了解后，下面就要进入到具体的空调系统负荷计算，并对空调类型、数量、安装位置等进行确定。

一、空调制冷量估算方法

1. 功率及面积法

此方法适用于已知机房面积以及主设备功率的情况。

假设空调总制冷量为 Q_t(kW)，室内设备的热负荷为 Q_1(kW)，环境热负荷为 Q_2(kW)，那么

$$Q_t = Q_1 + Q_2$$

在机房中，由于各机架设备很可能并非满负载，因此需要乘以一定的设备同时利用率，该系数一般取 0.8 或者 0.9。若机房内所有设备都达到峰值功率，则取值为 1，这种情形很少出现。

环境热负荷与机房面积有关，通常取值 $0.12 \sim 0.18\ \text{kW/m}^2$。注意：环境热负荷的单位是机房面积，而非机房体积。通常机房高度不到 4 m，当机房高于 4 m 时，要乘以相应的系数，通常取值 1.1 或 1.2。

跟我学：

【例 1】　某机房面积为 300 m^2，建筑热负荷按 0.15 kW/m^2 考虑，机房内设备耗电量为 100 kW，设备同时利用率按 90% 考虑，该机房需要多大的制冷量？

计算过程如下：

$$Q_1 = 100 \times 90\%\ \text{kW} = 90\ \text{kW}$$

$$Q_2 = 0.15 \times 300\ \text{kW} = 45\ \text{kW}$$

$$Q_t = Q_1 + Q_2 = 135\ \text{kW}$$

2. 面积法

此方法适用于只知道机房面积的情况。由于未考虑对设备热量的消耗，因此此法的误差较大，不建议使用。

假设空调的总制冷量应为 Q_t(kW)，单位面积估算负荷系数为 P(kW/m^2)，机房面积为

$S(\text{m}^2)$，那么

$$Q_t = Q \cdot S$$

【例2】 某机房面积为 $150\ \text{m}^2$，冷负荷估算系数按 $0.8\ \text{kW/m}^2$ 考虑，该机房需要多大的制冷量？

计算过程如下：

$$Q_t = Q \cdot S = 0.8 \times 150\ \text{kW} = 120\ \text{kW}$$

二、制冷量换算

在空调的选用中，一般空调都不用 kW 这个单位进行表示，而是另一个单位——匹。所以在计算出制冷量以后，需要对单位进行换算，用于判断该如何选用机房空调。

$$1\ 匹(\text{ps}) = 2500\ 大卡(\text{kcal/h})$$
$$1\ 千瓦(\text{kW}) = 860\ 大卡(\text{kcal/h})$$

因此可以得出

$$1\ 匹(\text{ps}) \approx 2.9\ 千瓦(\text{kW})$$

在例 1 中，若是运营商告知你，只能选用 22 匹的机房专用空调进行温度调节，那么应该选用几台？

由于 1 ps 约为 2.9 kW，因此一个 22 ps 的机房专用空调的制冷量为 63.8 kW，那么在例 1 结论中，需求的 135 kW 的制冷量至少需要 135/63.8 = 2.12 台空调。

由于 2 台空调会无法满足该机房的制冷量需求，因此至少需要 3 台空调。而在通信机房中，中、大型机房对于空调要求较高，因此通常会进行 3 + 1 的冗余备份，即每 3 台空调就需要备用 1 台，故需要 4 台。

小试牛刀

一、简答题

1. 机房专用空调设备主要由哪几个部分组成？

2. 简述机房专用空调与普通舒适型空调相比具有哪些特点。

二、单项选择题

1. 对于有人值守的机房，必须保证机房内有足够的新风量。以同时工作的人员最大数量来计算，每人新鲜空气量应不小于(   )。

A. 10 m³/h   B. 20 m³/h   C. 30 m³/h   D. 40 m³/h。

2. 某机房面积为 $300\ \text{m}^2$，建筑热负荷按 $0.15\ \text{kW/m}^2$ 考虑，机房内设备预计符合设备耗电量为 100 kW，设备的同时利用系数按 90% 考虑，该机房需要的制冷量为(   )。

A. 90 kW   B. 45 kW   C. 135 kW   D. 145 kW

3. 在匹和千瓦的转换中，1 匹约为(   )。

A. 2.3 kW   B. 2.5 kW   C. 2.7 kW   D. 2.9 kW

三、多项选择题

1. 空调具备的功能有(　　)。

A. 温度调节　　　　　　　　　B. 湿度调节

C. 洁净度调节　　　　　　　　D. 气流速度调节

2. 以下代表温度的是(　　)。

A. 100℃　　　　B. 100℉　　　　C. 100 K　　　　D. 100°

3. 物体表面是否会结露，取决于(　　)。

A. 物体表面温度　　　　　　　B. 空气露点温度

C. 空气相对湿度　　　　　　　D. 空调的调节能力

4. 在节能减耗的前提下，下列说法正确的是(　　)。

A. 通信机房的温度在冬季尽可能靠近温度要求的下限

B. 通信机房的温度在夏季尽可能靠近温度要求的上限

C. 通信机房的温度与季节无关

D. 通信机房空调需要以最低功耗运行

5. 空气的洁净度包括(　　)。

A. 腐蚀性气体　　　　　　　　B. 灰尘颗粒度

C. 氧气浓度　　　　　　　　　D. 室内气压

6. 通信机房会用到(　　)。

A. 普通空调(舒适性空调)　　　B. 机房专用空调

C. 中央空调　　　　　　　　　D. 一体化空调

四、判断题

1. 含湿量是湿空气中水蒸气质量(g)与干空气质量(kg)之比，用 d 表示，单位为 g/kg。它确切地表达了空气中实际含有的水蒸气量。　　　　　　　　　　　　　　(　　)

2. 相对湿度是指每立方米湿空气中所含水蒸气质量的多少。　　　　　　(　　)

3. 空调一般使用相对湿度来呈现机房环境。　　　　　　　　　　　　　(　　)

4. 不论机房是否设立防静电地板，空调的送风方式都不会变。　　　　　(　　)

5. 空调室内和室外机都应安装在机房内，避免室外机因环境问题受损或被人为破坏。

(　　)

能力拓展

新建机房平面布置如图 4-1 所示。该机房大小为 14 140 × 7360，单位 mm。采用功率及面积法，建筑热负荷为 0.15 kW/m^2，机房中预留设备位置 54 个，假设这些设备都隶属于 −48 V 直流供电系统，且满载情况下电流为 63 A，那么该机房在设备满载后(满载时不考虑设备同时使用系数，即使用系数为 1)，将会产生多大的热量？即机房需要多大的制冷量？如果该机房选用的空调为 22 匹，那么将选用多少台空调？若是机房采用 3 + 1 冗余备份，又需要选用多少台空调？

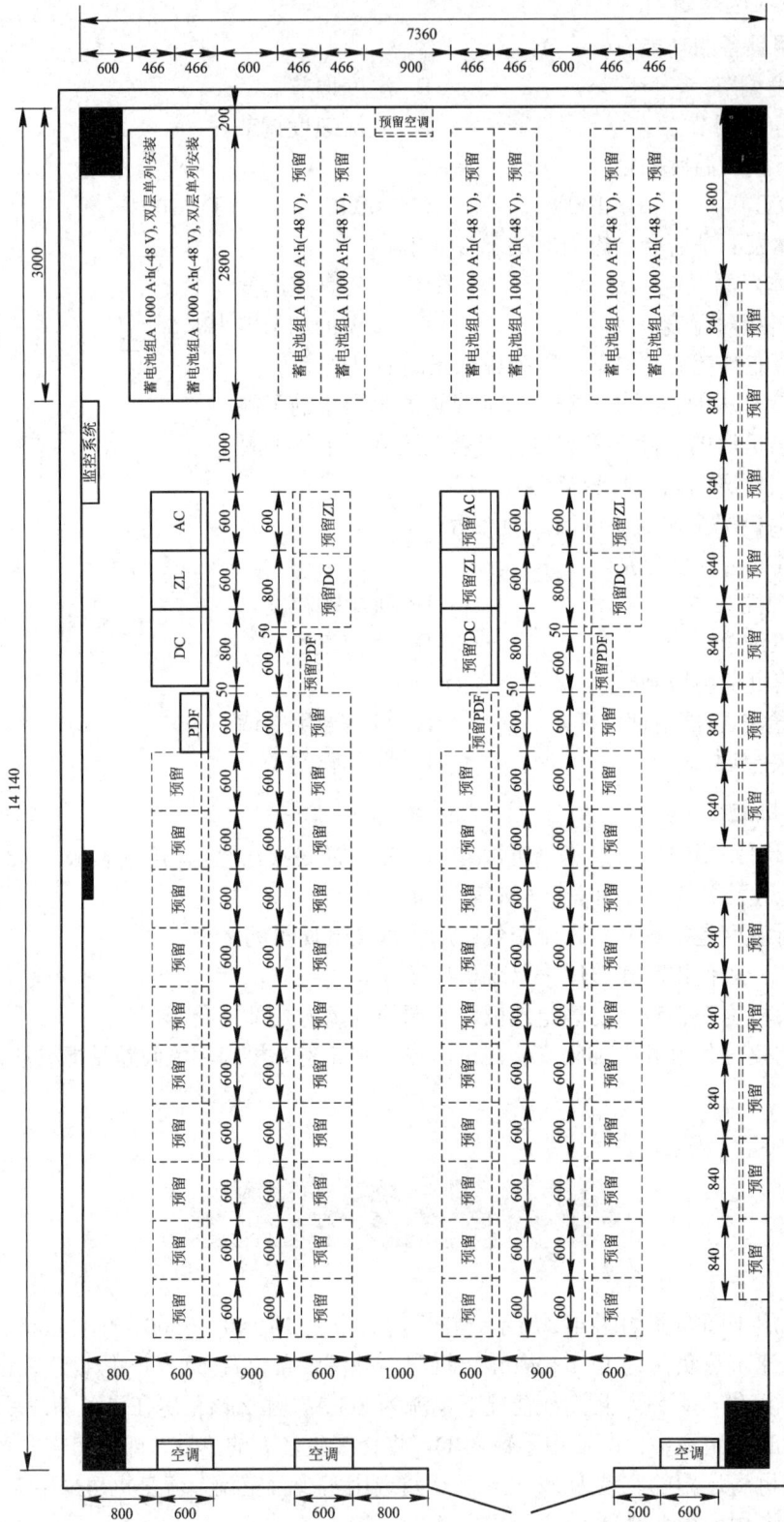

图 4-1 新建机房平面布置图(单位：mm)

项目 4.2

通信局房空调设备的安装与维护

▼

学习情境导入

在规划完机房的空调系统后，就要考虑进行空调设备及其相应配套设施的安装与维护了。我们要明确安装规则、验收规则、定期巡检与维护规则等，以确保空调设备的正常安装与使用。

任务分析

机房专用空调和舒适性空调的安装方式有所不同，而且在不同类型的机房中其安装也有些许差异。我们需要明确其中的差异，规避在规划设计阶段就给安装带来困难。

任务 4.2.1　通信局房空调设备的安装

任务实施

一、空调设备的安装

1. 机房专用空调的安装

(1) 室内机组可安装在可调的活动地板上。机组下面必须加装固定支架，以保证承受机组的最大荷载。

(2) 安装机组的时候要考虑到周围的预留空间，如条件允许，应在机组的左侧、右侧(即在安装的前方)留有约 864 mm 的操作空间。机组安装的最小操作空间如下：在压缩机一端为 457 mm；在右端为 457 mm(若为下送式或通冷冻水的机组，则不需要这个空间)；在机组的前方为 610 mm。以上是安装过滤器、调整风机电动机转速和清洗加湿器等常规所需要的空间。

(3) 空调机组的供电应与国家和当地电力供应标准相一致，按最小的允许压降选购合适截面积的导线，以保证在有可能发生低电压时或在用电高峰期间空调可靠运转。

(4) 使用三相五线制供电，在离机组 2.5 m 的范围内应安装专用空气开关。

(5) 当机组采用地板下送风时，应避免将机组安装在室内最低位置。

2. 舒适性空调器的安装

(1) 室内、外机组的位置要选择适当，周围要有足够的空间，以保证气流畅通，远离热源，便于维修。

(2) 室内、外机组要安装牢固，需要悬挂在墙壁上时应制作牢固可靠的支架。

(3) 室外机组的出风口不应对准强风吹的方向，风口前面不应有障碍物。

(4) 现场操作要按技术规范进行，动作迅速标准，管路连接要保证接头清洁和密封良好，管路连接好后，一定要将系统内的空气排净。

(5) 充注制冷剂时要将制冷剂钢瓶直立，否则制冷能力将会下降。

(6) 不允许用氧气进行抽真空。

(7) 室内、外机组的连接管应尽可能短，否则制冷能力将会下降。

(8) 要选用符合要求截面积的导线，按要求连接无误。

(9) 每个机组使用专线供电，配置专用插座、空气开关，按要求做好接地保护。

(10) 严格按电工操作规程安装，非专业电工人员不允许安装电气设备。

(11) 管路、电气线路连接无误后，方可试运转。

二、空调设备的验收

1. 中央空调工程各系统验收项目

(1) 风管表面平整、无破损，接管合理；风管连接处以及风管与设备或调节装置的连接处无明显缺陷。

(2) 空气洁净系统的风管、静压箱等的内表面应清洁，无积尘。

(3) 各类调节装置的制作和安装应正确牢固，调节灵活，操作方便。防火排烟阀关闭严密，动作可靠。

(4) 风口表面应平整，颜色一致，安装位置正确，风口的可调节部件应能正常动作。

(5) 管道、阀门及仪表安装位置正确，无水、气渗漏。

(6) 通风机、制冷机、水泵安装的精度及其偏差应符合相关规定。

(7) 风管、部件及管道的支吊架形式、位置及间距应符合相关标准要求。

(8) 除尘器、集尘室安装应牢固，接口严密。

(9) 组合式空调机组外表面平整，接缝严密，组装顺序正确，喷水室无渗漏。

(10) 风管、部件、管道及支架的油漆应附着牢固，漆膜厚度均匀，油漆颜色与标志应符合设计要求。

(11) 绝热层的材质、厚度应符合设计要求，表面平整，无断裂和松弛。室外防潮层或保护壳应顺水搭接，无渗漏。

(12) 消声器安装方向正确，外表面应平整、无破损。

(13) 风管、管道的软性接管位置应符合设计要求，连接自然，无强扭。

2. 中央空调竣工验收文件及记录

(1) 设计修改的证明文件或竣工图。

(2) 主要材料、设备、成品、半成品和仪表的出厂合格证明或检验资料。

(3) 隐藏工程验收记录和中间验收记录。

(4) 氨制冷剂管道焊接无损伤检验记录。

(5) 冷冻水管道压力试验记录。

(6) 通风、空调系统漏风试验记录。

(7) 现场组装的空调机组、除尘器及装配式洁净室的漏风试验记录。

(8) 制冷系统试验记录。

(9) 空调系统联合试运转的测定和调试记录。

(10) 分项、分部工程质量检验评定记录。

(11) 分部工程观感质量评定记录。

(12) 工程质量事故处理记录。

3. 机房专用空调工程验收项目

(1) 机房内风管的规格、尺寸、材料应符合设计要求，当对材料无规定时采用镀锌钢管。

(2) 金属风管在安装中应折角平直，圆弧均匀，无翘角，表面凹凸小于 5 mm。风管接缝宜采用咬口方式，接缝处应严密。

(3) 风管与法兰连接牢固，翻边平整，宽度不大于 6 mm，紧贴法兰且连接紧密；法兰密封垫应选用不透气、不产尘且具有一定弹性的材料；法兰的孔距应符合设计要求，焊接处不设螺孔，螺孔本质上不会具有互换这种性质。

(4) 空调器的基础台座应与建筑楼面牢固固定，空调器与金属台座间应垫减震片。

(5) 机房采用活动地板或吊顶内空间作为静压箱时，管道的安装应符合设计要求，设计无要求时管道应在同一水平高度上，不得叠放。

(6) 管道、管件、支架与阀门的型号、规格、材质及工作压力必须符合设计要求和施工验收规范。

(7) 管道系统的吹污试验、气密性试验、真空度试验必须符合施工验收规范的要求。

(8) 如果温度、相对湿度传感器安装在室内，则应将其设置在空气流通的回风气流中；如果安装在活动地板下，则应设置在离空调器出风口顺气流方向 3 m 远且气流均匀的地方。

(9) 空调室外机的安装应留有足够的通风及维修空间。室外机之间及与围挡物之间的最小距离不应小于 1 m。

(10) 在防腐油漆与底漆喷涂前，喷涂表面的灰土、铁锈、油污等必须擦净，漆膜附着牢固、光滑、均匀，无漏涂、剥落、生锈等。

(11) 各种保温材料的材质及防火性能必须符合设计和防火要求；管道、设备保温的接缝处必须严密无缝，在保温材料的端部和接头处必须做封闭处理。保温材料的表面平整度的允许偏差为 5 mm。

(12) 绝热层紧贴风管表面，绝热层的纵横向接缝应错开，绝热层采用保温钉固定时，保温钉应均布，保温钉的数量在侧面应不少于 10 个/m^2，在顶面不少于 6 个/m^2。机房专用空调工程竣工验收时，应提供竣工图、设备出厂合格证、隐蔽工程记录、管道试压记录、设备调试试运转记录等文件。

4. 通用空调验收项目

(1) 目测空调器各部件，塑料件表面应平整光滑、色泽均匀，电镀件表面应光滑，不得有剥落、露底、划伤等缺陷，喷涂件表面不应有气泡、流痕、漏涂、底漆层外露、凹凸不平等。

(2) 室内机排风口附近无障碍物，进风口周围不应有阻碍空气吸入的障碍物。

(3) 室外机的安装面应坚固、结实，具有足够的承载能力，空调的支架应坚固耐用。

(4) 为保持空气流通，室外机的前后、左右应留有一定的空间。

(5) 室外机排风口处应无障碍物。

(6) 分体壁挂式空调的室内外连接管的长度尽量不超过 5 m，小于四匹的分体立柜式空调的室内外连接管的长度尽量不超过 10 m，五匹左右的分体立柜式空调的室内外连接管的长度尽量不超过 15 m。

(7) 空调的管线通过砖、混凝土结构时应有套管，并应采取适当的绝缘和支撑措施。连接管不能有折扁处。

任务4.2.2　通信局房空调设备的维护

🔧 任务实施

空调在安装后便进入日常使用阶段了。有关空调的常见故障和维护方法，我们也需要掌握。

一、空调设备常见故障判断方法

1. 空调常见故障

(1) 漏：指制冷剂的泄漏、电气(线路、机体)绝缘破损引起的漏电等。

(2) 堵：指制冷系统脏堵与冰堵，空气过滤器堵塞，进风口、出风口被障碍物堵塞等。

(3) 断：指电气线路断线，熔断器熔断，由于过热或电流过大引起过载保护器的触点断开，由于制冷系统压力不正常引起压力继电器的触点断开等。

(4) 烧：指压缩机电动机的绕组、风扇电动机的绕组、电磁阀线圈、继电器线圈和触点等被烧毁。

(5) 卡：指压缩机卡住，风扇卡住，运动部件的轴承卡住等。

(6) 破损：指压缩机阀片破损，活塞拉毛，风扇扇叶断裂以及各种部件破损等。

2. 常见故障判断方法

空调常见故障的判断基本方法是：看、听、摸、测、析。

(1) 看：仔细观察空调器各部件的工作情况，重点观察制冷系统、电气系统、通风系统三部分，判断它们的工作是否正常。

① 制冷系统：观察制冷系统各管路有无裂缝、破损、结霜与结露等情况；制冷管路之间、管路与壳体等有无相互碰撞与摩擦，特别是制冷剂管路焊接处、接头连接处有无泄漏。凡是泄漏处就会有油污(制冷系统中有一定量的冷冻机油)，可用干净的软布、软纸擦拭管路焊接处与接头连接处，观察有无油污，以判断是否出现泄漏。

② 电气系统：观察电气系统的保险丝是否熔断，电气导线的绝缘是否完整无损，电路板有无断裂，电气连接处有无松脱等，特别是电气连接是否接触良好(因为接线螺丝、插接件极易松脱造成接触不良)。

③ 通风系统：观察空气过滤网、热交换器盘管和翅片是否积尘过多，进风口、出风口是否畅通，风机与扇叶运转是否正常，风力大小是否正常等。

(2) 听：通电开机细听空调器压缩机的运转声音是否正常，有无异常声音，风扇运转有无杂音，噪声是否过大等。空调器在运行中，正常情况下振动轻微，噪声较小(一般在 50 dB 以下)。如果振动和噪声过大，则可能的原因有如下几点。

① 安装不当：如支架尺寸与机组不符，固定不牢固，未加减震橡胶、泡沫塑料垫等，这些均可使空调器在运转时振动加剧、噪声变大，尤其在刚启动和停机时表现得尤为显著。

② 压缩机不正常振动：底座安装不良，支脚不在同一水平面，减振橡胶或防震弹簧安装不良，防震效果不佳等。如果压缩机内部发生故障(如阀片破碎、液击等)，也会发出异常声音。

③ 风扇碰击：风扇叶片安装不良或变形会发出碰撞声；风扇可能与壁壳、底盘相碰，风扇的轴心窜动，叶片失去动平衡也会发出撞击声；如果风扇内有异物，叶片与之相碰也会有撞击声。

(3) 摸：用手摸空调器有关部位，感受其冷热、振动等情况，有助于判断故障性质与部位。正常情况下，冷凝器的温度是自上而下逐渐下降的，下部的温度稍高于环境温度。整个冷凝器不热或上部稍温热，或虽较热但上下相邻两根管道的温度有明显差异，均属不正常。在正常情况下，将蘸有水的手指放在蒸发器表面会有冰冷、黏的感觉，如果无此现象，则属不正常。干燥器、出风口处毛细管在正常情况下应有温热感(比环境温度稍高，与冷凝器末段管道的温度基本相同)，如果感到比环境温度低，表面有露珠凝结，毛细管各段有温差等则属不正常。距压缩机 200 mm 处的吸气管在正常情况下其温度应与环境温度差不多。

(4) 测：为了准确判断故障的性质与部位，常常要用仪器、仪表检查或测量空调器的性能参数和状态。例如，用检漏仪检查有无制冷剂泄漏，用万用表测量电源电压、各接线端对地电压及运转电流是否符合要求。对于由电脑控制的空调器，还应测量各控制点的电压是否正常等。

(5) 析：经过上述几种检查手段所获得的结果，大多只能反映某种局部状态。空调器各部分之间是彼此联系、互相影响的，一种故障现象可能是由多种原因导致的，而一种原因也可能产生多种故障。因此，对局部因素要进行综合比较分析，从而全面准确地确定故障的性质与部位。例如，制冷系统发生泄漏或堵塞，都会引起制冷系统压力不正常，造成制冷(制热)量下降。但泄漏必然引起制冷剂不足，使高压和低压的压力都降低，而堵塞发生在高压部分，则会出现高压升高、低压降低的现象，因此就可以根据故障现象加以区别、分析和判断，从而找到故障部位。

二、空调常用的维修工具

1. 机械维修工具

(1) 锉刀(扁锉、圆锉、方锉和组合锉)。

(2) 螺丝刀(大小规格若干的扁头及十字螺丝刀)。

(3) 扳手(管扳手、梅花扳手、六角扳手)。

(4) 钢锯。

(5) 钳子(电工钳、尖嘴钳、钢丝钳、封口钳)。

(6) 榔头。

(7) 剪刀。

(8) 三角刮刀。

(9) 钻头。

2. 电器工具

(1) 试电笔。

(2) 手电筒。

(3) 自耦调压器。

(4) 小型配电盘(配有各种插头和双刀单掷开关)。

(5) 钳形交流电流表。

(6) 万用表。

(7) 兆欧表。

(8) 电烙铁。

三、通信用空调设备的维护

通信机房空调设备的维护工作，应按各通信运营企业的维护规程执行，下面维护要求仅供参考。

1. 通信用空调设备维护的一般要求

(1) 定期清洁各种空调设备的表面，保持空调设备表面无积尘、无油污，定期清洁过滤器。

(2) 空调设备应采用专线供电，电源电压不应超过额定电压的 +10%～−15%，三相电压不平衡度不应超过 4%。如果电压波动大，应安装自动调压或稳压装置。

(3) 空调设备必须有良好的接地保护，与通信局(站)的联合接地要可靠连接。

(4) 空调设备应能长期稳定工作，能按通信机房的环境要求调节室内温、湿度，并且有可靠的报警、自动保护功能及来电自动启动功能。

(5) 使用的冷冻油应和制冷剂匹配，不同规格的冷冻油不能混用。使用前应在室温下静置 24 h 以上，然后通过洁净的、有过滤网的加油器去添加冷冻油。

(6) 空调的进、出水管应尽量远离机房通信设备。检查管路接头处安装的水浸告警传感器是否完好有效，进、出水管路和制冷管道均应畅通，无渗漏、堵塞现象。

(7) 保持室内密封良好、气流组织合理且处于正压状态，必要时空调应具有送新风功能。

(8) 确保空调室内、外机周围的预留空间不被挤占，保证送风、回风通畅，以提高空调制冷(暖)效果。

(9) 定期检查和拧紧所有接点螺丝，尤其要检查空调室外机架的加固与防蚀处理情况。

(10) 导线应无老化现象，保温层应无破损。

(11) 充注制冷剂、焊接制冷管路时应采取防护措施，戴好防护手套和防护眼镜。

(12) 定期对空调设备进行工况检查，及时掌握各主要部分的性能、指标，并对空调设备进行有针对性的整修和调测，以保证系统稳定可靠运行。

2. 机房专用空调设备的维护

1) 空调处理机的维护

(1) 保持空气处理机表面清洁，风机转动部件应无积尘、油污，皮带转动应无异常摩擦。

(2) 定期清洁过滤器，检查滤料有无破损，透气孔有无阻塞和变形，干燥过滤器两端有无明显温差。

(3) 保持蒸发器翅片明亮且无阻塞、无污痕。

(4) 保持翅片水槽和冷凝水盘干净、无沉积物，冷凝水管应畅通。

(5) 检查风道等有无漏风现象。

(6) 检查空调机底部有无水浸。

(7) 必要时应测量出口风速及温差。

2) 风冷冷凝器的维护

(1) 检查风扇支座基墩是否紧固，清洁电机和风叶，保证其无灰尘、油污，检查扇叶转动时有无抖动和摩擦。

(2) 定期用钳形电流表测试风机的工作电流，检查风扇的调速机构，确认其是否正常。

(3) 经常检查、清洁冷凝器的翅片，保证其无灰尘、油污。

(4) 电机的轴承应为紧配合，发现扇叶摆动或转动不正常时应进行维修或更换。

3) 制冷部分的维护

(1) 检测高、低压保护装置，发现问题及时排除。

(2) 经常用手触摸压缩机表面以感受温度，看有无过冷过热现象，发现有较大温差时，应及时查明原因并处理。

(3) 定期观察视液镜内制冷剂的流动情况，判断有无水分、是否缺液。

(4) 检查制冷剂管道的固定位置有无松动或振动情况。

(5) 检查制冷剂管道的保温层，若发现破损应及时修补。

(6) 定期检查压缩机的吸、排气压力，制冷管道应畅通，若发现堵塞应及时排除。

4) 加湿器部分的维护

(1) 定期清除加湿水盘和加湿罐内的水垢。

(2) 检查给排水管路，保证其畅通且无渗漏。

(3) 检查电磁阀的动作、加湿负荷电流和控制器的工作情况，若发现问题应及时排除。

(4) 检查加湿器电极、远红外管，保持其完好无损、无污垢。

5) 水冷却系统的维护

(1) 定期清除冷却水池中的杂物及冷凝器中的水垢，确保冷却循环管路畅通。

(2) 检查冷却水泵运行是否正常，水封是否严密。

(3) 检查冷却塔风机运行是否正常，水流是否畅通、均匀。

(4) 检查冷却水池自动补水、水位显示及告警装置是否完好。

6) 电气控制部分的维护

(1) 定期检查声、光报警是否正常，接触器、熔断器有无松动或损坏，若发现问题应及时排除。

(2) 检查电加热器的螺丝有无松动，热管有无尘埃，如有松动和尘埃应及时紧固和清洁。

(3) 用钳形电流表测试所有电机的工作电流，并分析测试电流是否正常。如果异常，则应查出原因，进行排除。

(4) 检查继电器和电子元件有无损坏和变形，若发现问题应及时更换。

(5) 用干湿球温度计测量回风温度和相对湿度，如果偏差超出标准，则进行校正。

(6) 检查系统保护接地是否良好，如果引线接触不良，则应及时紧固。

(7) 测量设备绝缘情况，检查导线有无老化现象。

(8) 校正仪表、仪器。

对空调系统每年应进行一次工况测试，以便及时掌握系统各主要设备的性能，并对空调系统的设备进行一次有针对性的整修和调整，保证系统运行稳定可靠。

3. 中央空调设备的维护

1) 制冷机组的维护

(1) 保持制冷循环回路中有足够量的制冷剂，调节阀动作可靠，系统内无脏污，无结冰堵塞或渗漏。

(2) 压缩机与电机的同心度应符合技术指标，轴封漏油量不准超出规定指标，运转应正常。

(3) 能力调节机构应灵活严密，指示准确。

(4) 润滑油泵应运行正常，保证冷冻油油路畅通，油量足、无泄漏；定期检测润滑油品质、润滑油压力；设备停用期间每半个月应启动一次油泵，每次要运转 20～30 min。

2) 制冷系统的维护

(1) 冷媒循环回路应流量充足，各支路分配均匀，压力和温度正常，自动补给装置完好，调节阀作用可靠，管路畅通无破漏现象。

(2) 冷媒循环泵运行正常，无锈蚀现象，水封严密。

(3) 经常清洁一、二次风除尘过滤装置，调节机构应灵活可靠。

(4) 定期检查风机、电机的润滑情况及转动方向，保证足够的空气循环量。

(5) 确保送风、回风通道畅通。

3) 冷却系统的维护

(1) 定期清除冷却水池内的杂物，清除冷凝器的水垢，确保冷却循环管路畅通，无泄漏现象，各阀门动作可靠。

(2) 检查冷却水泵运行是否正常，检查有无锈蚀，水封是否严密。

(3) 检查冷却塔风机、播水器运行是否正常，水流是否畅通、均匀。

(4) 检查冷却水池自动补水、水位显示及告警装置是否完好。

4) 电机、配电及控制系统的维护

(1) 检查各电机运行状态、轴承润滑情况、接线是否牢固，绝缘电阻应在 2 MΩ 以上，负荷电流及温升应符合要求。

(2) 检查熔断器及开关规格是否符合要求，其温升不应超过标准。

(3) 确保各种电器、控制元器件表面清洁，结构完整，动作准确，显示及告警功能完好。

5) 设备操作与运行

(1) 严格遵守设备说明书的要求，按程序开、关机。

(2) 掌握设备故障情况时的紧急停机方法和要求。

(3) 设备运行时，维护人员应利用看、听、摸、测、析的方法判断问题所在。

(4) 设备长时间停用时，要将制冷剂压入冷凝器或储罐内，系统要保持正压，排净供冷及冷却系统用水，以防止冬天冻坏管路，切断主配电盘的电源。

4. 普通空调设备的维护

1) 检查空调设备的基本性能

空调应能满足长时间运转的要求，具备停电保存温度设置、来电自动启动的功能。

2) 使用注意事项

(1) 空调上方勿受压，避免外壳变形，影响冷暖气通过，或损坏内部重要元件。

(2) 每季度做一次来电自启动功能试验。

(3) 定期检测、校准空调器的显示温度与实际温度的误差。

(4) 定期检查、清洁空调器表面和过滤网、冷凝器等，需要时给空调添加制冷剂。

小 试 牛 刀

一、简答题

1. 请简述机房专用空调工程验收可按哪些项目进行检查(5 条即可)。

2. 请简述通用空调验收可按哪些项目进行检查(5 条即可)。

3. 空调的常见故障有哪些？

4. 空调常见故障的判断基本方法是什么？

5. 请简述空调常用机械维修工具有哪些(5 个即可)。

6. 请简述空调常用电器维修工具有哪些(5 个即可)。

二、单项选择题

1. 以下属于普通空调设备维护的是(   )。

A. 检查空调设备的基本性能　　　　B. 制冷机组的维护

C. 冷却系统的维护　　　　　　　　　D. 电机、配电及控制系统的维护

2. 有关空调维护，下列说法正确的是(　　　)。

A. 定期清洁各种空调设备表面，保持空调设备表面无积尘、无油污，定期清洁过滤器

B. 不同规格的冷冻油可以混用

C. 冷媒循环泵运行正常，水封严密，出现锈蚀为正常现象，不影响使用即可

D. 普通空调每天都需要做一次来电自启动功能试验

三、多项选择题

1. 有关舒适性空调的安装，下列说法正确的是(　　　)。

A. 室内、外机组周围要有足够的空间，保证气流畅通、远离热源、便于维修

B. 室外机组的出风口不应对准强风吹的方向，出风口前面不应有障碍物

C. 不允许用氧气进行抽真空

D. 管路、电气线路连接无误后，方可试运转

2. 关于空调设备的验收，下列说法正确的是(　　　)。

A. 空气洁净系统的风管、静压箱等内表面应定期清洁、无积尘

B. 管道、阀门及仪表安装位置正确，无水、气渗漏

C. 除尘器、集尘室安装应牢固，接口严密

D. 消声器的安装方向正确，外表面应平整、无破损

3. 中央空调竣工验收时，应提供的文件及记录包括(　　　)。

A. 设计修改的证明文件或竣工图

B. 主要材料、设备、成品、半成品和仪表的出厂合格证明或检验资料

C. 隐藏工程验收记录和中间验收记录

D. 氨制冷剂管道焊接无损伤检验记录

4. 中央空调竣工验收时，应提供的文件及记录包括(　　　)。

A. 冷冻水管道压力试验记录

B. 通风、空调系统漏风试验记录

C. 现场组装的空调机组、除尘器及装配式洁净室的漏风试验记录

D. 制冷系统试验记录

5. 中央空调竣工验收时，应提供的文件及记录包括(　　　)。

A. 空调系统联合试运转的测定和调试记录

B. 分项、分部工程质量检验评定记录

C. 分部工程观感质量评定记录

D. 工程质量事故处理记录

6. 机房专用空调设备需要对(　　　)进行维护。

A. 空调处理机　　　　　　　　　　　B. 冷凝器

C. 加湿系统　　　　　　　　　　　　D. 电气控制系统

四、判断题

1. 安装机房专用空调机组时，若可利用空间紧张，可不考虑周围是否预留空间。(　　　)

2. 在安装机房专用空调机组时，若机组采用地板下送风，应避免将机组安装在室内最

低位置。　　　　　　　　　　　　　　　　　　　　　　　　　　　　　　　　（　　）

3. 空调设备应采用专线供电，电源电压不应超过额定电压的 +10%～−15%，三相电压不平衡度不应超过 4%。　　　　　　　　　　　　　　　　　　　　　　　　（　　）

能 力 拓 展

在北部地区某通信小型机房中安装了一台使用了十年的舒适性空调。最近几次例行维护中发现，空调的温度调节能力有些跟不上，经常在工作人员进出机房相当一段时间后才能将机房温度恢复至之前水平。

(1) 目前机房的制冷系统可能出现了什么问题？

(2) 该如何处理解决这些问题？

(3) 在小型机房中使用舒适性空调是否可行？

(4) 尝试重新制订一份此地区小型机房的制冷系统巡检计划(包括每日巡检、月度巡检和季度巡检)。

模块五

通信局房安全

【模块描述】 ························▼

随着通信事业的快速发展，各种新设备、新技术在通信网络中不断得到应用，从而对通信机房的安全供电提出了更新、更高的要求。通信机房的供电安全保障是重要的问题，能否给机房提供充足的供电、能否保障通信机的安全供电是通信机房能否正常运转的基本条件。同样确保通信网络的安全畅通和维护及施工人员的人身安全是通信机房安全供电的前提条件。本模块主要针对通信新技术的发展现状，结合未来发展方向和工程设计实例，从工程设计、建设施工、维护管理等几个方面入手，介绍了通信局房的安全供电与安全用电。

学习导图

```
                                                        ┌─ 任务5.1.1  通信局房安全供电
                                                        │
                                                        ├─ 任务5.1.2  通信局房安全用电
                                    项目5.1  通信局房安全供电与用电 ─┤
                                                        ├─ 任务5.1.3  触电救护
                                                        │
                                                        └─ 任务5.1.4  电气安全用具的使用与维护管理
         模块五  通信局房安全 ─┤
                                                        ┌─ 任务5.2.1  通信局房安全施工管理
                                    项目5.2  通信局房安全施工与维护管理 ─┤
                                                        └─ 任务5.2.2  建立通信局房安全维护管理制度
```

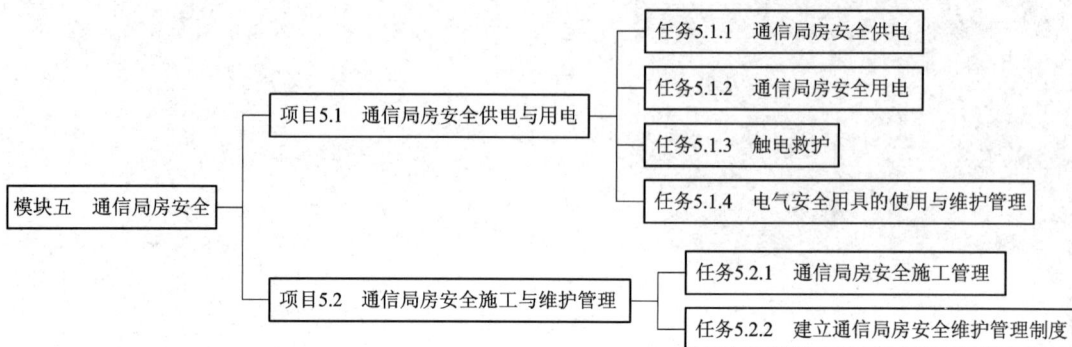

岗位能力分析

➢ 必备知识

- 了解通信局房日常维护的具体内容；
- 掌握通信局房安全生产应急预案及安全事故应急措施；
- 了解通信局房安全生产应急预案；
- 掌握通信局房应急保障措施。

➢ 必会技能

- 熟悉通信局房安全供电技术规范；
- 掌握通信局房安全工具、器具及个人防护用品的使用；
- 掌握保证安全的技术措施、现场紧急救护知识和消防安全知识；
- 能根据工程安全要求对工程项目所需局房提出安全规划设计。

项目 5.1

通信局房安全供电与用电

▼

供电系统是通信网络的基础，是全程全网畅通的保障。为了提高通信网络供电系统的安全性，保证通信局房的用电安全，就要做到技术先进、经济合理、安全适用、管理规范，以国家或行业标准规范为标准，严格执行规范，切实有效地降低通信局房供电系统的故障概率，提高供电系统的安全性，从而提高通信网络安全，提高市场竞争力。

本项目主要介绍高、低压交流供电系统的运行与维护操作，内容包括维护的基本要求、保证安全的措施、相关设备的维护与操作及常见故障处理等。

为尽量避免在通信局房内发生电力意外事故，以保障人身安全，防止损坏设备、影响供电系统，应遵守通信局房设备加电、日常操作时用电安全防护措施和规范。本项目中的任务要求：

(1) 机房日常用电安全的最高准则为确保人员安全。

(2) 应遵守设备日常操作的安全措施。

(3) 了解发生的电力突发事故，按照故障处理流程、应急预案进行处理。

任务 5.1.1　通信局房安全供电

任务实施

通信机房
供电安全

一、通信局房安全供电要求

根据 YD/T1051—2018 和 YD/T1970.1—2009《通信局(站)电源系统维护技术要求　第 1 部分：总则》等标准，对通信局(站)交、直流基础电源的供电质量有以下要求。

1. 交流基础电源技术指标

低压交流电的额定电压为 220 V/380 V，即相电压为 220 V，线电压为 380 V；频率为 50 Hz。

通信设备用交流电供电时，在设备的电源输入端子处测量的电压允许变动范围为额定电压值的 +5%～-10%，即相电压为 231～198 V、线电压为 399～342 V。

通信电源设备及重要建筑用电设备用交流电供电时，在设备的电源输入端子处测量的电压允许变动范围为额定电压值的 +10%～-15%，即相电压为 242～187 V，线电压为 418～323 V。

当市电供电电压不能满足上述规定或通信设备有更高要求时，应采用调压或稳压设备满足电压允许变动范围的要求。

交流电的频率允许变动范围为额定值的 ±4%，即 48～52 Hz。

交流电的电压波形正弦畸变率应≤5%。电压波形正弦畸变率是指电压的谐波分量有效值与总有效值之比的百分数。

三相供电电压不平衡度应不大于 4%。

设置降压电力变压器的通信局(站)，应根据要求安装无功功率补偿装置(电容补偿柜)，使功率因数保持在 0.90 以上。

2. 直流基础电源指标

通信局(站)用直流基础电源的电压首选 -48 V，过渡时期暂留的电源电压为 -24 V。

通信机房内每一个机架的直流输入端子处 -48 V 电压的允许变动范围为 -40～-57 V。-48 V 直流电源输出端子处测量的杂音电压指标如下：

(1) 电话衡重杂音电压：≤2 mV。

(2) 峰-峰值杂音电压：当频率为 0～300 Hz 时，电压有效值≤400 mV。

(3) 宽频杂音电压：当频率为 3.4～150 kHz 时，有效值≤100 mV；当频率为 150 kHz～30 MHz 时，有效值≤30 mV。

(4) 离散频率杂音电压：当频率为 3.4～150 kHz 时，有效值≤5 mV；当频率为 150 kHz～200 kHz 时，有效值≤30 mV；当频率为 200～500 kHz 时，有效值≤2 mV；当频率为 500 kHz～30 MHz 时，有效值≤1 mV。

原有通信设备使用 -24 V 电源，通信机房内每一个机架的直流输入端子处 -24 V 电压的允许变动范围为 -21.6～-26.4 V。

3. 供电可靠性

对不同类型的通信机房，有不同的电源系统不可用度，在 YD/T1051—2018《通信局(站)电源系统总技术要求》中作了具体规定，如表 5-1 所示。

表 5-1　电源系统不可用度

通信局房类型	电源系统不可用度	建议市电标准	最低市电标准
一类局房	≤5×10⁻⁷，即平均 20 年时间内，每个电源系统故障的累计时间应不大于 5 min	一类市电	一类市电
二类局房	≤1×10⁻⁶，即平均 20 年时间内，每个电源系统故障的累计时间应不大于 10 min	一类市电	二类市电
三类局房	≤5×10⁻⁶，即平均 20 年时间内，每个电源系统故障的累计时间应不大于 50 min	二类市电	二类市电

注：(1) 二类市电标准中，应首选双路供电的类型，其次考虑一路供电的类型。

(2) 试验局房的分类及市电供电标准要求，参照本表格执行。

通信机房电源系统主要设备的可靠性主要用平均失效间隔时间(MTBF)来衡量,在 YD/T1051—2018 中作了具体规定。例如,对于高频开关整流器,在 15 年使用时间里,其 MTBF 应不小于 5×10^4 h;对于阀控式密封铅酸电池组,以全浮充工作方式在 8 年使用时间里,其 MTBF 应不小于 3.5×10^5 h。

4. 供电安全

就通信机房电源系统本身而言,为了保证人身、设备和供电的安全,应满足以下要求:首先,通信机房电源系统应有完善的接地与防雷设施,具备可靠的过压和雷击防护功能,电源设备的金属壳体应可靠地保护接地;其次,通信机房电源设备及电源线应具有良好的电气绝缘,包括足够大的绝缘电阻和绝缘强度;第三,通信机房电源设备应具有保护与告警性能。

对不同设备有不同的具体要求。例如,高频开关电源设备的防雷与电气绝缘要求如下:

(1) 防雷要求。高频开关电源系统应具有防雷装置,应能承受模拟雷击电压波形为 $10 \mu s/700 \mu s$、幅值为 5 kV 的冲击 5 次,承受雷击电流波形为 $8 \mu s/20 \mu s$、幅值为 20 kA 的冲击 5 次,每次冲击间隔时间不小于 1 min。在承受以上雷电冲击后,设备应能正常工作。

(2) 电气绝缘要求。我国通信行业标准 YD/T731—2018 对绝缘电阻的要求是:试验电压为直流 500 V 时,整流器主回路的交流部分和直流部分对地以及交流部分对直流部分的绝缘电阻均不低于 2 MΩ。YD/T731—2018 对绝缘强度的要求是:交流电路对地、交流电路对直流电路应能承受 50 Hz、有效值为 1500 V 的交流电压或等效其峰值的 2120 V 直流电压 1 min,绝缘电阻无击穿或飞弧现象(漏电流≤30 mA);直流电路对地应能承受 50 Hz、有效值为 500 V 的交流电压或等效其峰值的 710 V 直流电压 1 min,绝缘电阻无击穿或飞弧现象。

5. 电磁兼容性

随着电子电气设备的使用日益广泛,电磁环境越来越复杂。高频开关电源等通信机房电源设备只有具备良好的电磁兼容性,才能在复杂的电磁环境中正常工作,并且不骚扰其他设备的正常运行,成为绿色电源。通信机房电源设备的电磁兼容性用 YD/T983—2018 等标准来规范。

1) 基本概念

电磁兼容性(EMC)的定义是:设备或系统在其电磁环境中能正常工作且不对该环境中任何事物构成不能承受的电磁骚扰的能力。它有两方面的含义,一方面任何设备不应干扰其他设备正常工作,另一方面设备对外来的骚扰有抵御能力,即电磁兼容性包含电磁骚扰和对电磁骚扰的抗扰度两个方面。

电磁骚扰(EMD)的定义为:任何可能引起装置、设备、系统性能降低或者对生物或非生物产生损害作用的电磁现象。这种电磁现象会对外界形成干扰,可能造成通信质量降低甚至通信失效等不良后果,因此电磁骚扰的产生必须受到限制,目的是使通信设备与系统以及其他电子电气设备能够正常运行。

对电磁骚扰的抗扰度简称抗扰度(Immunity)，其定义为装置、设备或系统面临电磁骚扰而不降低性能的能力。抗扰度又称抗扰性。任何电子电气设备都要有适当的抗扰度，才能在越来越复杂的电磁环境中正常工作。

电磁骚扰根据能量传输方式不同分为传导骚扰和辐射骚扰。前者是通过端子和导线向外传递能量的电磁骚扰，后者是以电磁波的形式通过空间传播能量的电磁骚扰。

2) 抗扰度要求

通信机房电源设备(TPE)的抗扰度是以设备自身的安全可靠运行来衡量的，对设备的不同部位(如外壳表面、直流电源端口、交流电源端口、通信端口等)有不同的抗扰度要求。通信机房电源设备各方面的抗扰度(即抗扰性)均应符合 YD/T983—2018 中的要求。

高频开关整流器等通信机房电源设备既是电磁骚扰源，又是电磁骚扰的承受者。为了确保通信电源系统稳定、可靠、安全地供电及通信系统正常运行，通信电源设备必须具有良好的电磁兼容性，成为"绿色电源"，其电磁骚扰、谐波电流和抗扰度都应符合我国通信行业标准 YD/T983—2018《通信电源设备电磁兼容性要求及测量方法》的要求。

电磁兼容性的三大要素是骚扰源、耦合通路和敏感体。解决电磁兼容性问题的方法主要有屏蔽、接地、滤波，以及改进和创新电路设计与制造工艺。

二、电气设备外壳的防护等级

电机和低压电器的防护包括两种：第一种防护是对固体异物进入内部以及对人体触及内部带电部分或运动部分的防护；第二种防护是对水进入内部的防护。

电气设备外壳防护等级命名方式如图 5-1 所示。

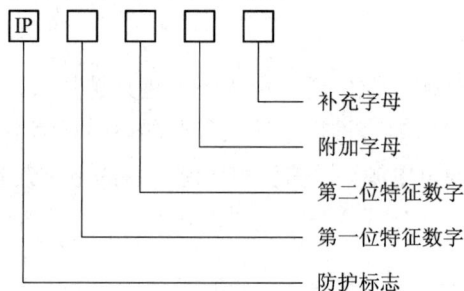

图 5-1　电气设备外壳防护等级命名方式

图 5-1 中：

(1) IP 是国际防护的英文缩写。

(2) 第一位数字表示第一种防护的等级。第一种防护是对固体异物进入内部以及对人体接触及内部带电部分或运动部分的防护，分为 0～6 共 7 级，各级防护性能见表 5-2。

(3) 第二位数字表示第二种防护的等级。第二种防护是对水进入内部的防护，分为 0～8 共 9 级，各级防护性能见表 5-3。仅考虑一种防护时，另一位数字用"X"代替。

表 5-2　电气设备第一种防护的性能

防护等级	简　称	防　护　性　能
0	无防护	没有专门的防护
1	防护大于 50 mm 的固体	能防护直径大于 50 mm 的固体异物进入壳内，能防止人体的某一大面积部分(如手)偶然或意外触及壳内带电或运动部分，但不能防止有意识地接近这些部分
2	防护大于 12 mm 的固体	能防护直径大于 12 mm 的固体异物进入壳内，能防止手指触及壳内带电或运动部分
3	防护大于 2.5 mm 的固体	能防护直径大于 2.5 mm 的固体异物进入壳内，能防止厚度(或直径)大于 2.5 mm 的工具、金属线等触及壳内带电或运动部分
4	防护大于 1 mm 的固体	能防护直径大于 1 mm 的固体异物进入壳内，能防止厚度(或直径)大于 1 mm 的工具、金属线等触及壳内带电或运动部分
5	防尘	能防止灰尘进入达到影响产品正常运行的程度，能完全防止触及壳内带电或运动部分
6	尘密	能完全防止灰尘进入壳内，能完全防止触及壳内带电或运动部分

表 5-3　电气设备第二种防护的性能

防护等级	简　称	防　护　性　能
0	无防护	没有专门的防护
1	防滴	垂直的滴水不能直接进入产品的内部
2	15°防滴	与垂线成 15°角范围内的滴水不能直接进入产品内部
3	防淋水	与垂线成 60°角范围内的淋水不能直接进入产品内部
4	防溅	任何方向的溅水对产品应无有害的影响
5	防喷水	任何方向的喷水对产品应无有害的影响
6	防海浪或强力喷水	强烈的海浪或强力喷水对产品应无有害的影响
7	浸水	产品在规定的压力和时间下浸在水中，进水量应无有害影响
8	潜水	产品在规定的压力下长时间浸在水中，进水量应无有害影响

(4) 附加字母与补充字母为特殊说明，如果无须特别说明，可以省略。注：W 表示气候防护式电机，R 表示管道通风式电机；后附加字母也是电机产品的附加字母，S 表示在静止状态下进行第二种防护形式试验的电机，M 表示在运转状态下进行第二种防护形式试验的电机。如果不需特别说明，则附加字母可以省略。例如，IP54 为防尘、防溅型电气设备，IP65 为尘密、防喷水型电气设备。

任务 5.1.2　　通信局房安全用电

任务实施

通信机房
用电安全

一、触电方式

按照人体触及带电体的方式和电流流过人体的途径，电击可以分为单相触电、两相触电和跨步电压触电。

1. 单相触电

当人体直接碰触带电体中的一相时，电流通过人体流入大地，这种触电现象称为单相触电，如图 5-2 所示。对于高压带电体，人体虽未直接接触，但由于超过了安全距离，高压对人体放电，造成单相接地而引起的触电，也属于单相触电。低压电网通常采用变压器低压侧中性点直接接地和中性点不直接接地(通过保护间隙接地)的接线方式。在地面潮湿时易发生低压中性点直接接地的单相触电事故。单相触电是危险的，如高压架线断线，人体碰及断裂导线往往会导致触电事故。此外，在高压线路周围施工，未采用安全措施，碰及高压导线而导致的触电事故也时有发生。

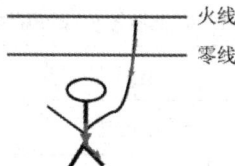

图 5-2　单相触电

2. 两相触电

人体同时接触带电设备或线路中的两相导体，或在高压系统中人体同时接近不同相的两相带电导体，会发生电弧放电，电流从一相导体通过人体流入另一相导体，构成一个闭合回路，这种触电方式称为两相触电，如图 5-3 所示。当发生两相触电时，作用于人体上的电压等于线电压，这种触电是最危险的。

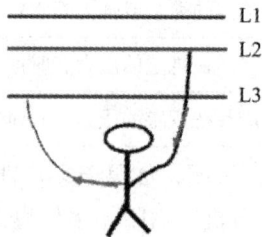

图 5-3　两相触电

3. 跨步电压触电

当电气设备发生接地故障，接地电流通过接地体向大地流散，在地面上形成电位分布时，若人在接地点周围行走，其两脚之间的电位差就是跨步电压。由跨步电压引起的人体触电，称为跨步电压触电，如图 5-4 所示。跨步电压的大小受接地电流大小、鞋和地面两脚之间的跨距、两脚的方位以及离接地点的远近等很多因素的影响。人的跨距一般按 0.8 m 考虑。

图 5-4　跨步电压触电

二、电流对人身的危害形式

过大的电流会对人体造成伤害，即发生触电事故。在一定概率下，人触电后能自行摆脱带电体的最大电流称为该概率下的摆脱电流。当摆脱概率为 99.5% 时，成年男子和成年女子的摆脱电流分别约为 9 mA 和 6 mA。电击电流越大，时间越长，伤害越严重。电流在 0.1 A 以上且持续 3 s，就会使人心脏停止跳动或呼吸停止。电流对人体的伤害分为两种：一种是电击伤害，另一种是电烧伤害。

1. 电击伤害

绝大多数(85%以上)触电死亡事故都是由电击造成的。

电击分为直接接触电击和间接接触电击。

直接接触电击是触及设备和线路正常运行时带电体发生的电击(如误触接线端子发生的电击)，也称为正常状态下的电击。

间接接触电击是触及正常状态下不带电，而当设备或线路故障时意外带电的导体发生的电击(如触及漏电设备的外壳发生的电击)，也称为故障状态下的电击。

电击的主要特征有：

(1) 伤害人体内部组织。

(2) 低压触电在人体的外表没有显著的痕迹，但是高压触电会产生极大的热效应，导致皮肤烧伤，严重者会被烧黑。

(3) 致命电流较小。

2. 电烧伤害

电烧伤害是电流的热效应、化学效应、机械效应等效应对人造成的伤害，简称电伤。触电伤亡事故中，纯电伤性质的及带有电伤性质的约占 75%(电烧伤约占 40%)。尽管 85% 以上的触电死亡事故是电击造成的，但其中大约 70% 带有电伤性质。

电伤分为如下几种：

(1) 电烧伤：是电流的热效应造成的伤害，分为电流灼伤和电弧烧伤。

电流灼伤是人体与带电体接触，电流通过人体由电能转换成热能造成的伤害。电流灼伤一般发生在低压设备或低压线路上。

电弧烧伤是由弧光放电造成的伤害，分为直接电弧烧伤和间接电弧烧伤。前者是带电体与人体发生电弧，有电流流过人体的烧伤；后者是电弧发生在人体附近对人体的烧伤，包含熔化了的炽热金属溅出造成的烫伤。直接电弧烧伤是与电击同时发生的。电弧温度在8000℃以上，可造成大面积、大深度的烧伤，甚至烧焦、烧掉四肢及其他部位。大电流通过人体，也可能烘干、烧焦机体组织。高压电弧烧伤较低压电弧烧伤严重，直流电弧烧伤较工频交流电弧烧伤严重。发生直接电弧烧伤时，电流进、出口烧伤最为严重，人体内部也会被烧伤。与电击不同的是，电弧烧伤都会在人体表面留下明显痕迹，而且致命电流较大。

(2) 皮肤金属化：是在电弧高温的作用下，金属熔化、汽化，金属微粒渗入皮肤，使皮肤粗糙而张紧的伤害。皮肤金属化多与电弧烧伤同时发生。

(3) 电烙印：是在人体与带电体接触部位留下的永久性斑痕。斑痕处皮肤失去原有弹性、色泽，表皮坏死，失去知觉。

(4) 机械性损伤：是电流作用于人体时由于中枢神经反射和肌肉强烈收缩等作用导致的机体组织断裂、骨折等伤害。

(5) 电光眼：是发生弧光放电时，由红外线、可见光、紫外线对眼睛的伤害。电光眼表现为角膜炎或结膜炎。

三、防止触电的安全措施

1. 安全电压、安全距离、屏护及安全标志

1) 安全电压

安全电压即交流工作频率的安全电压。我国规定安全电压的额定值为 42 V、36 V、24 V、12 V、6 V。例如，手提照明灯、危险环境的携带式电动工具应采用 36 V 的安全电压；金属容器内、隧道内、矿井内等工作场合，狭窄、行动不便及周围有大面积接地导体的环境，应采用 24 V 或 12 V 的安全电压，以防止因触电而造成人身伤害。

2) 安全距离

安全距离是为防止带电体之间、带电体与地面之间、带电体与其他设施之间、带电体与工作人员之间因距离不足而在其间发生电弧放电现象、引起电击或电伤事故的最小距离。人与带电体的最小安全距离如表 5-4 所示。

表 5-4　人与带电体的最小安全距离

电　压	0.4 kV	10 kV	35 kV
人与带电体的最小安全距离	不小于 0.4 m	不小于 0.7 m	不小于 1 m

3) 屏护

屏护指将带电体间隔起来，以有效地防止人体触及或靠近带电体，特别是当带电体无明显标志时。常用的屏护方式有遮栏、栅栏、保护网。

4) 安全标志

安全标志分为禁止标志、警告标志、指令标志、提示标志、补充标志。

禁止标志的含义是不准或制止人们的某些行动。禁止标志的几何图形是带斜杠的圆环。其中，圆环与斜杠相连，采用红色；图形符号采用黑色；背景采用白色。我国规定的禁止标志共有 40 个，如禁止放易燃物、禁止吸烟、禁止通行、禁止烟火、禁止用水灭火、禁带火种、启机修理时禁止转动、运转时禁止加油、禁止跨越、禁止乘车、禁止攀登等。图 5-5 为部分禁止标志。

图 5-5　禁止标志

警告标志的含义是警告人们可能发生的危险。警告标志的几何图形是黑色正三角形、黑色符号和黄色背景。我国规定的警告标志共有 39 个，如注意安全、当心触电、当心爆炸、当心火灾、当心腐蚀、当心中毒、当心机械伤人、当心伤手、当心吊物、当心扎脚、当心落物、当心坠落、当心车辆、当心弧光、当心冒顶、当心瓦斯、当心塌方、当心坑洞、当心电离辐射、当心裂变物质、当心激光、当心微波、当心滑跌等。图 5-6 为部分警告标志。

图 5-6　警告标志

指令标志的含义是必须遵守。指令标志的几何图形是圆形，蓝色背景，白色图形符号。指令标志共有 16 个，如必须戴安全帽、必须穿防护鞋、必须系安全带、必须戴防护眼镜、必须戴防毒面具、必须戴护耳器、必须戴防护手套、必须穿防护服等。图 5-7 为部分指令标志。

图 5-7　指令标志

提示标志的含义是示意目标的方向。提示标志的几何图形是方形，绿色背景，白色图形符号及文字。提示标志共有 8 个，如紧急出口、避险处、应急避难场所、可动火区、击碎板面、急救点、救援电话、紧急医疗站。图 5-8 为部分提示标志。

图 5-8　提示标志

补充标志是对前述四种标志的补充说明，以防误解。补充标志分为横写和竖写两种。横写的为长方形，写在标志的下方，可以和标志连在一起，也可以分开；竖写的写在标志杆上部。补充标志的颜色规定如下：竖写的，均为白底黑字；横写的，用于禁止标志的用红底白字，用于警告标志的用白底黑字，用于带指令标志的用蓝底白字。图 5-9 为部分补充标志。

图 5-9　补充标志

2. 保护接地和保护接零

1) 保护接地

电气设备的导体部分或者外壳用足够容量的金属导线或导体可靠地与大地连接，当人体触及带电外壳时，人体相当于接地电阻的一条并联支路。由于人体电阻远远大于接地电阻，所以通过人体的电流将会很小，避免了人身触电事故。

2) 保护接零

电气设备在正常情况下，其不带电的金属部分与零线做良好的金属或者导体连接。当某一相绝缘损坏致使电源相线碰壳，电气设备的外壳及导体部分带电时，因为外壳及导体部分采取了接零措施，所以该相线和零线构成回路。单相短路电流很大，会使线路保护的熔断器熔断，从而使设备与电源断开，避免了人身触电伤害的可能性。

3. 漏电保护

漏电保护是当电网的漏电流超过某一设定值时能自动切断电源或发出报警信号的一种安全保护措施。低压电网中的漏电保护可以防止人身触电伤亡事故；高压电网则不能完全防止人身触电伤亡事故，但可提高电网和设备的安全性。所以，高压电网中的漏电保护又称为单相接地保护。漏电保护的设定值一般为：低压电网以防止人身触电伤亡为宗旨；高压电网则以设备安全及阻止故障蔓延为目标。

4. 其他防护措施

(1) 电气线路必须穿管敷设，并且整齐规范。

(2) 电气作业人员需持证上岗。

(3) 生产设备有良好的接地或接零，并有明显的防误操作措施及警示标志。

(4) 移动设备电源线采用绝缘软电缆，电线不得有破损或龟裂，中间不得有接头。

(5) 低压配电柜(箱)、动力柜、开关箱、各类低压用电设备、插座均应安装漏电保护器。

(6) 临时用电要有审批手续，其中包括申请日期、线路敷设、线路固定、接地或接零及避雷措施、附加保护措施等。

(7) 配电房设置安全警示标志、挡鼠板、护网和应急照明设施，配备电力安全工器具，其中包含绝缘手套、绝缘靴、绝缘胶垫、高(低)压验电笔、高(低)压携带型短路接地线和安全帽等，安全工器具必须在有效检测期限内。

(8) 要重点关注带金属外壳的设备(如工业排风扇)、移动设备(如高压冲洗机、电焊机)、高/低压配电箱、振动的设备。

安全事故案例

沈阳凌源钢铁股份有限公司自动化部新建中心机房"7·19"触电死亡事故

2019 年 7 月 19 日 10 时，沈阳凯讯智能系统装饰工程有限公司在凌源钢铁股份有限公司自动化部新建中心机房，对主机房内 14#机柜的 PDU 线路检修时，发生触电事故。事故造成 1 人死亡，直接经济损失约为 170 万元。

图 5-10 为事故现场图片，事故现场位于凌源钢铁股份有限公司自动化部新建中心机房内，机房面积约 114 m^2，划分为配电功能区和主机房功能区。事故地点位于主机房功能区内的第一排强电列头机柜内。该机柜的电压等级为 380 V，机柜左侧为三相 380 V 铜排纵向垂直布置，由里到外分别为 N 相、A 相、B 相、C 相，铜排进行热塑绝缘处理，但接线螺丝裸露，C 相接线螺丝有放电痕迹，机柜右侧下部电缆出线部分与机柜柜体金属部分之间用电缆皮进行绝缘隔离。

图 5-10　事故现场图片

事故原因分析：

(1) 直接原因：作业人员违规带电使用电缆线绝缘皮包扎机柜破损线路时，触碰机柜内带电部分，导致触电死亡，是造成这起事故的直接原因。

(2) 间接原因：未对临时雇用作业人员进行安全教育和技术培训，只是以口头形式提醒安全注意事项。作业人员安全意识淡薄，自我保护意识不强，在电气维修的危险作业过程中未能严格按照电力安全工作规程进行操作。

任务 5.1.3　触 电 救 护

任务实施

有关资料显示，触电后 1 min 内抢救，90%能救活；1～4 min 内抢救，60%能救活；超过 5 min 抢救，90%无法救活。因此，用科学有效的方法有可能挽救一条生命。我们在现场要如何救护呢？具体可以按照以下步骤来操作。

一、迅速脱离电源

发生了触电事故，切不可惊慌失措，要立即使触电者脱离电源。使触电者脱离低压电源应采取的方法如下：

(1) 就近拉开电源开关，拔出插销或保险，切断电源。要注意单极开关是否装在火线上，若是错误地装在零线上，则不能认为已切断电源。

(2) 用带有绝缘柄的利器切断电源线。

(3) 当找不到开关或插头时，可用干燥的木棒、竹竿等绝缘体将电线拨开，使触电者脱离电源。

(4) 可用干燥的木板垫在触电者的身体下面，使其与地绝缘。

如遇高压触电事故，应立即通知有关部门停电。要因地制宜，灵活运用各种方法，快速切断电源。

二、脱离电源后的处理

1. 判断伤员意识

可以轻拍伤员肩部，高声呼叫伤员，如果没有反应则立即用手指甲掐压人中穴 5 s，然后放好伤员体位，要求伤员仰卧于硬板床或地上，头、颈、躯干平卧无扭曲，双手放于两侧躯干旁，然后解开上衣，暴露胸部。

2. 通畅气道

采用仰头抬颏法通畅气道，具体做法是：用一只手置于伤员前额，另一只手的食指与中指置于下颌骨近下颏处，两手协同使头部后仰 90°，迅速清除口腔异物。

3. 判断伤员呼吸

通过一看、二听、三试来判断伤员呼吸。一看即看伤员的胸部、腹部有无起伏动作；二听即用耳贴近伤员的口鼻处，听有无呼气声音，这步可与"看"同时进行；三试是用手指试测口鼻有无呼气的气流。在观察过程中要求气道始终保持开放位置，保持气道通畅，用手指捏住伤员鼻翼，连续大口吹气两次，每次时长为 $1\sim1.5$ s。

4. 判断伤员心跳

具体操作方法是：一只手置于伤员前额，使头部保持后仰；另一只手的食指及中指指尖在靠近救护者一侧轻轻触摸喉结旁 $2\sim3$ cm 凹陷处的颈动脉有无搏动。

三、现场心肺复苏术 CPR

在经过以上观察和判断后，若触电者呼吸和心跳均停止，应立即按心肺复苏方法进行抢救。具体方法如下：

(1) 确保伤员平躺在一个坚实的地面上。跪在他旁边，将手掌后跟放在胸部中央。

(2) 食指及中指沿伤员肋弓下缘向中间移动，在两侧肋弓交点处寻找胸骨下切迹，食指及中指并拢横放在胸骨下切迹上方，以另一手的掌根紧贴食指上方置于胸骨正中部，将定位之手取下，重叠将掌根放于另一手背上，两手手指交叉抬起，使手指脱离胸壁，这样就不会碰到病人的胸部或胸腔。

(3) 身体前倾，两臂绷直，双肩在伤员胸骨上方正中，靠自身重量垂直向下按压。按压要求：

① 平稳，有节律，不能间断；

② 不能冲击式的猛压；

③ 下压及向上放松时间相等，下压至按压深度(成人伤员为 $3.8\sim5$ cm)，停顿后全部放松；

④ 垂直用力向下；

⑤ 放松时手掌根部不得离开胸壁。

图 5-11 所示为胸外按压操作示意图。

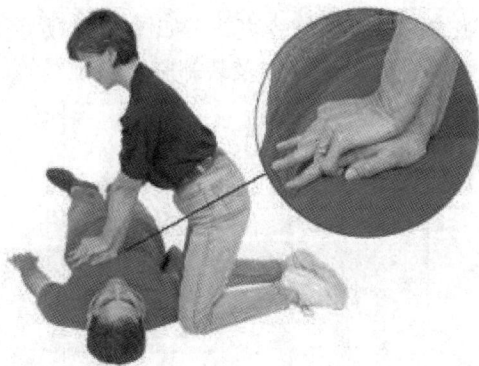

图 5-11　胸外按压

(4) 移到患者的头部，倾斜头部，抬起下巴，再次打开气道，让他的嘴微微张开，开始进行口对口人工呼吸。具体操作方法是：

① 用按于前额的手的拇指与食指捏住伤员鼻翼下端，深吸一口气屏住并用自己的嘴唇包住伤员微张的嘴；

② 用力快而深地向伤员口中吹气，换气的同时侧头仔细观察伤员胸部有无起伏；

③ 一次吹气完毕后，脱离伤员口部，吸入新鲜空气，同时使伤员的口张开，并放松捏鼻的手。

(5) 整个心肺复苏操作频率是按压 100 次/min，每按压 15 次时间为 8～10 s，按压与人工呼吸比例为每按压 15 次后吹气 2 次，即 15：2，要求 90 s 内完成 4 个 15：2 的压吹循环。

四、抢救过程中的再判定

心肺复苏进行期间，不得随意中断停止，其间可用看、听、试的方法在 5～7 s 时间内完成对伤员呼吸和心跳是否恢复的再判定。

任务 5.1.4　电气安全用具的使用与维护管理

任务实施

一、电气安全用具

绝缘安全工具分为基本绝缘安全工具和辅助绝缘安全工具。

1. 绝缘安全用具

基本安全绝缘工具是指绝缘强度足以抵抗电气设备运行电压的安全工具，可分为高压基本安全工具和低压安全基本工具。高压基本安全工具主要有绝缘棒、绝缘夹钳、高压验电器等；低压安全工具主要有绝缘手套、有绝缘柄的工具低压试电笔等。辅助绝缘安全工具是指绝缘强度不足以抵抗电气设备运行电压的安全工具。

1) 绝缘棒

绝缘棒又称操作杆、绝缘拉杆，俗称令克棒，如图 5-12 所示。其主要用于操作高压跌落式熔断器、单极隔离开关、柱上油断路器及装卸临时接地线等。

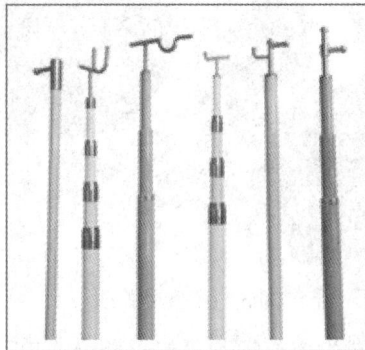

图 5-12　绝缘棒

2) 验电器

分为高压和低压两类，低压验电器又称为试电笔，如图 5-13 所示。其主要作用是检查电气设备或线路是否带有电压，还可以用来区分相线(火线)和地线(零线)，氖光灯泡发亮是相线，不亮的是地线。高压验电器用来检测 6～35 kV 的配电设备、架空线路及电缆等是否带电的专用工具。常用的高压验电器如图 5-14 所示。

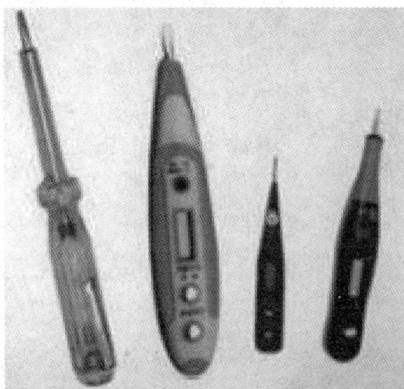

图 5-13　常见的低压验电笔

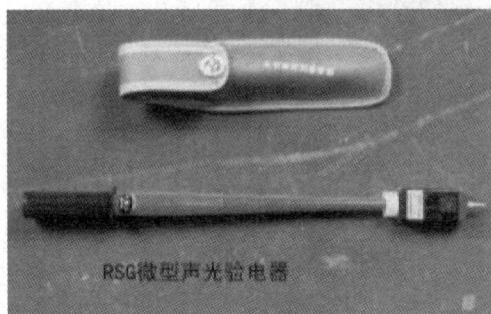

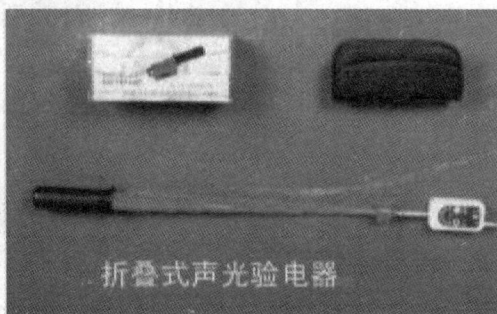

图 5-14　常用的高压验电器

3) 绝缘手套和绝缘靴(鞋)

按所用的原料可分为橡胶和乳胶绝缘手套两大类，绝缘手套的规格有 12 kV 和 5 kV 的两种，如图 5-15 所示。12 kV 绝缘手套在 1 kV 以上的高压区作业时，只能用作辅助安全防护用具，不得接触带电设备，在 1 kV 以下带电作业区作业时，可用作基本安全用具。5 kV 绝缘手套，在 250 V 以下电压区作业时，可作为基本安全用具，在 1 kV 以上的电压区作业时，严禁使用此种绝缘手套。

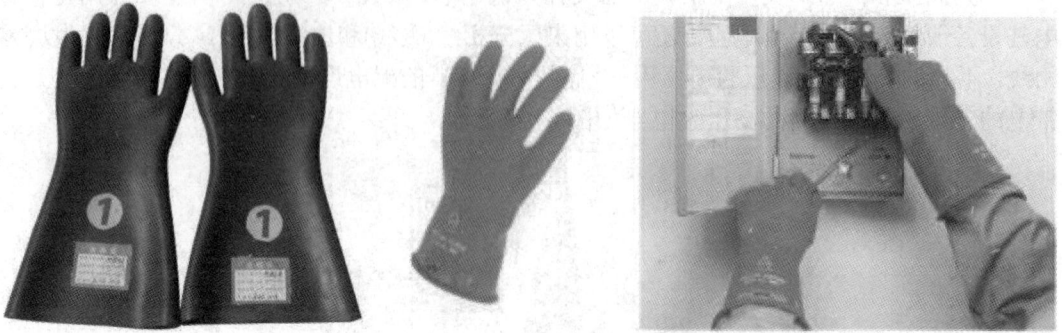

图 5-15 绝缘手套

绝缘靴只能做辅助安全用具，采用特种橡胶制成，作用是使人体与大地绝缘，防止跨步电压，如图 5-16 所示。

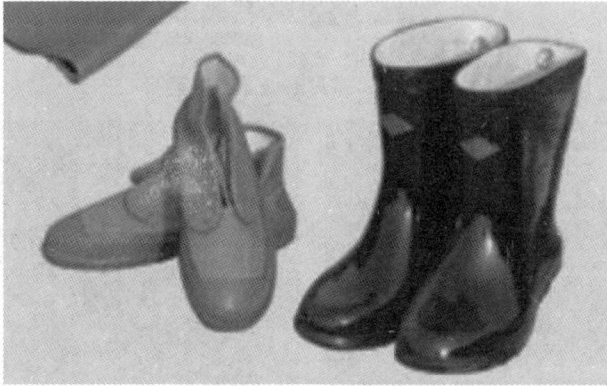

图 5-16 绝缘鞋、靴

2. 一般防护用具

1) 携带型短路接地线

携带型短路接地线是用于电力行业断电后使用的一种临时性高压接地线，如图 5-17 所示。

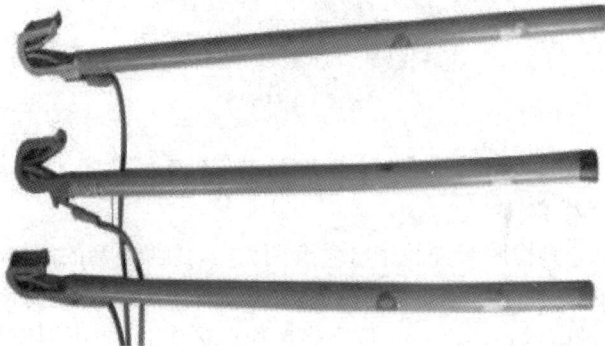

图 5-17 携带型短路接地线

2) 安全腰带

安全腰带是防止高处作业人员发生坠落的安全用具，如图 5-18 所示。

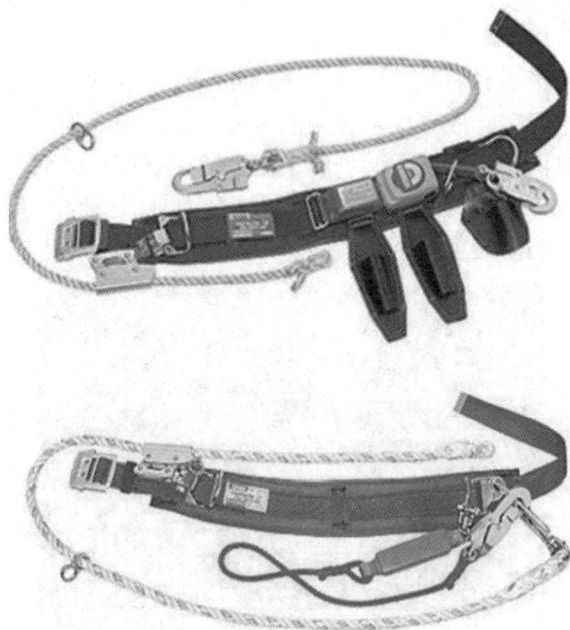

图 5-18　安全腰带

3) 护目镜

护目镜是一种防护眼镜，如图 5-19 所示。其既可以滤光，避免辐射光对眼睛造成损害，又能防止飞溅的固体颗粒、碎屑、火花、飞沫、热流、液体等对眼睛的伤害。

图 5-19　护目镜

二、电气安全用具的维护

1. 电气安全用具使用的注意事项

(1) 使用基本绝缘安全用具时，必须使用辅助绝缘安全用具。

(2) 高压绝缘安全用具应经耐压试验合格，在有效期内使用。

(3) 安全用具使用前应进行外观检查，其表面应清洁、干燥、无断裂、划印、毛刺、孔洞等外伤。

(4) 验电器使用前应在已知带电体上试验，检查其是否良好。

(5) 绝缘手套除耐压试验合格、外观清洁、干燥、在有效期内使用外，还应做充气实验，检查其是否有孔洞。

2. 电气安全用具的保管

安全用具应存放于干燥、通风场所。绝缘拉杆应悬挂或放在支架上，不应与地面、墙面接触，以防受潮。绝缘手套应存放在封闭的橱内，并应与其他工具、仪表分别存放。高压验电器应放在防潮匣内，存放在干燥场所。绝缘靴应存放在橱内，不应代替一般雨鞋使用，安全用具不得当作一般工具使用。电气绝缘安全用具的试验间隔不应过长。图 5-20 所示为存放电气安全用具的专业工具柜。

图 5-20　电气安全用具的专用工具柜

小试牛刀

一、简答题

1. 简述机房安全供电的要求。

2. 简述通信机房的安全防护措施。

3. 简述触电救护中的注意事项。

4. 简述电气安全用具使用与维护管理的注意事项。

二、判断题

1. 摆脱概率为 50% 时，成年男性的平均感知电流值约为 1.1 mA，最小为 0.5 mA，成年女性约为 0.6 mA。　　　　　　　　　　　　　　　　　　　　　（　　）

2. 通电时间延长，人体电阻值因出汗而增加，导致通过人体的电流减小。　（　　）

3. 相同条件下，交流电比直流电对人体危害大。　　　　　　　　　　　（　　）

4. 30～40 Hz 的电流危险性最大。　　　　　　　　　　　　　　　　　（　　）

5. 工频电流比高频电流更容易引起皮肤灼伤。 （　　）

6. 触电分为电击和电伤。 （　　）

7. 两相触电危险性比单相触电小。 （　　）

8. 一般情况下，接地电网的单相触电比不接地电网的危险性小。 （　　）

9. 据部分省市统计，农村触电事故要少于城市的触电事故。 （　　）

10. 脱离电源后，触电者神志清醒，应让触电者来回走动，加强血液循环。 （　　）

11. 触电者神志不清，有心跳，但呼吸停止，应立即进行口对口人工呼吸。 （　　）

12. 触电事故是电能以电流形式作用人体造成的事故。 （　　）

13. 按照通过人体电流的大小，人体反应状态的不同，可将电流划分为感知电流、摆脱电流和室颤电流。 （　　）

三、单选题

1. 人的室颤电流约为(　　)mA。

A. 30　　　　　　　B. 16　　　　　　　C. 25　　　　　　　D. 50

2. 一般情况下 220 V 工频电压作用下人体的电阻为(　　)。

A. 500～1000 Ω　　　　　　　　B. 800～1600 Ω

C. 1000～2000 Ω　　　　　　　　D. 1500～2000 Ω

3. 电伤是由电流的(　　)效应对人体所造成的伤害。

A. 化学　　　　　　　　　　　B. 热

C. 热、化学与机械　　　　　　　D. 电化学

4. 电流对人体的热效应造成的伤害是(　　)。

A. 电烧伤　　　　　　　　　　B. 电烙印

C. 皮肤金属化　　　　　　　　D. 皮肤碳化

5. 人体直接接触带电设备或线路中的一相时，电流通过人体流入大地，这种触电现象称为(　　)触电。

A. 单相　　　　　　　　　　　B. 两相

C. 三相　　　　　　　　　　　D. 跨步电压

6. 在对可能存在较高跨步电压的接地故障点进行检查时，室内不得接近故障点(　　)m 以内。

A. 3　　　　　　　B. 2　　　　　　　C. 5　　　　　　　D. 4

7. 脑细胞对缺氧最敏感，一般缺氧超过(　　)min 就会造成不可逆转的损害导致脑死亡。

A. 8　　　　　　　　　　　　B. 5

C. 10　　　　　　　　　　　D. 12

8. 据一些资料表明，心跳呼吸停止，在(　　)min 内进行抢救，约 80%可以救活。

A. 1　　　　　　　　　　　　B. 2

C. 3　　　　　　　　　　　　D. 5

9. 如果触电者心跳停止，有呼吸，应立即对触电者进行(　　)急救。

A. 仰卧压胸法　　　　　　　　B. 胸外心脏按压法

C. 俯卧压背法　　　　　　　　D. 人工呼吸法

能 力 拓 展

　　(1) 仔细观察图 5-21～图 5-26，判断下每幅图片所反映的工程问题，推测有可能给机房带来的安全隐患，并说明如何整改。

图 5-21　交流配电屏中地线排配线

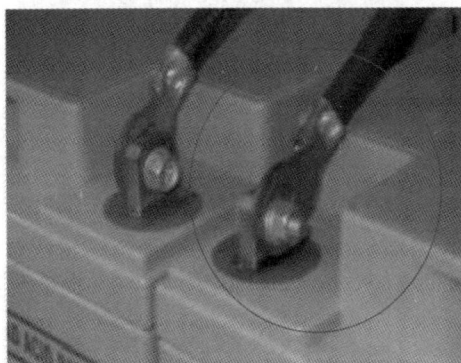

图 5-22　蓄电池接线电缆的安装

图 5-23　走线架上馈线安装

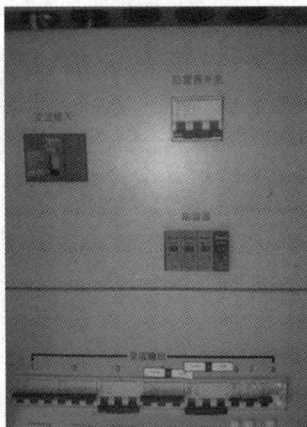

图 5-24　交流配电柜

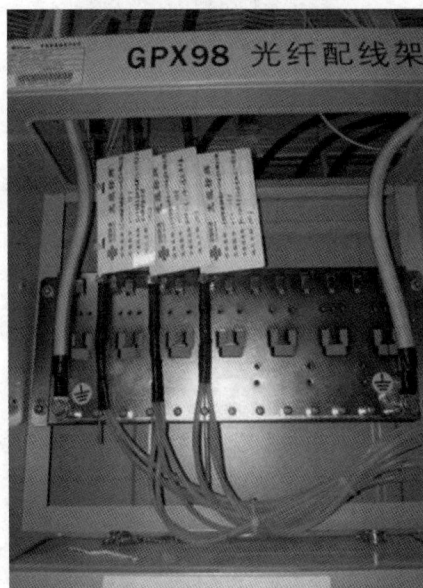

图 5-25　光纤配线架上光缆加强芯的连接

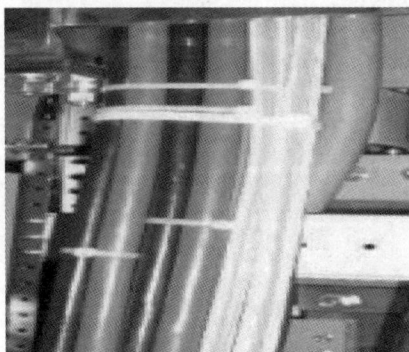

图 5-26　开关电源内多根电源电缆

(2) 请结合所学知识思考并解释图 5-27 中下落在高压电线上的小鸟为什么不会触电。

图 5-27　站在高压电线上的小鸟

项目 5.2
通信局房安全施工与维护管理

▼

学习情境导入

通信局房内部安装有各种通信设备、网络设备和其他辅助设施等，是通信网络运行的保障和支撑，是整个网络的重要组成部分。通信局房无论在施工建设期间还是运营维护期间因各种原因发生安全事故，都将影响通信网络的正常运行，严重的会造成网络瘫痪，给运营企业及客户造成严重的经济损失。

为了确保通信网络设备的正常运行，抑制和减少通信网络安全事故的发生，降低人们生命和财产的损失，应彻底消除通信机房中存在的隐患。本项目主要从施工建设和日常维护管理两方面总结安全施工、安全管理规程以及结合分析常出现的安全施工原因，提出预防的方法策略。

任务分析

安全无小事，尤其是机房重地。必须要在机房工作人员心中牢固树立"安全第一、预防为主"的思想。因此，在本项目的学习中，要求注意以下几点：

(1) 要搞清楚机房工程施工过程中可能会出现的安全事故和安全隐患，并对其逐一给出解决方法，并制订施工管理规章制度。

(2) 机房工作人员在日常维护和管理期间，一定要加强责任心，严防漏洞，制定严格的安全维护管理制度，确保机房使用过程中的安全。

(3) 作为机房工作人员，要注意平时的观察和积累，掌握机房的安全维护管理方法，多学习安全事故案例，提高自己的临场应变和处理问题的能力。

(4) 机房维护操作人员在上岗前必须要认真学习各项机房设备操作的安全保密及规章制度，坚决杜绝由于个人的玩忽职守而造成的设备误操作、信息泄露、丢失、篡改等重大事故的发生。

任务 5.2.1　通信局房安全施工管理

⚙ 任务实施

一、了解相关通信局房建设工程安全生产操作规范

为了强化"以人为本、安全生产"的意识，贯彻"安全第一、预防为主"的方针，进一步加强安全生产工作，有效防范通信建设工程施工生产的安全事故，保护人员和财产安全，确保通信系统的正常运行，本节根据 YD5201—2020《通信建设工程安全生产操作规范》的内容，列举出如下与通信局房建设有关的安全生产规范条例。

(1) 施工现场应配备必要的消防器材。消防器材设置地点应合理，便于取用，使用方法应明示。

(2) 在光(电)缆进线室、机房、无(有)人站等处施工时，严禁烟火。

(3) 电缆等各种贯穿物穿越墙壁或楼板时，必须按要求用防火封堵材料封堵洞口。

(4) 电气设备着火时，必须首先切断电源。

(5) 伸缩梯伸缩长度严禁超过其规定值。在电力线、电力设备下方或危险范围内，严禁使用金属伸缩梯。

(6) 严禁发电机的排气口直对易燃物品；严禁在发电机周围吸烟或使用明火；作业人员必须远离发电机排出的热废气；严禁在密闭环境下使用发电机。

(7) 严禁擅自关断运行设备的电源开关。

(8) 设备的三相电源接线端子必须连接正确，接线端连接必须牢固。设备安装完毕后，必须进行清洁，彻底清除在安装时落入机内的碎金属丝片。

(9) 在运行设备顶部操作时，应对运行设备采取防护措施，避免工具、螺丝等金属物品落入机柜内。

(10) 当通信线与电力线接触或电力线落在地面上时，必须立即停止一切有关作业活动，保护现场；立即报告施工项目负责人和指定专业人员排除事故。事故未排除前严禁行人步入危险地带，严禁擅自恢复作业。

二、进入通信局房施工的安全管理要求

(1) 工程施工人员进入局房工作前，要根据工作内容不同，做好不同的穿戴准备，否则不允许进入局房施工。例如，电源工程施工时，要求施工人员必须换穿绝缘鞋；数据、交换、传输、网络等设备调试、施工、维护人员必须穿自备的防静电服、换穿防静电鞋或套防静电鞋套；硬件施工人员可以换穿布鞋、绝缘鞋。

(2) 进入局房施工人员必须在外来人员登记本上登记，如发现不登记者，禁止进入局房。

(3) 严禁携带饮料(含水)、食品、香烟、打火机进入通信局房大楼。

(4) 在局房内施工，施工单位必须在其施工范围内设置施工区域围挡、安全警示标志，施工单位必须制定安全管理制度和安全操作规程，施工人员不得在非相关区域活动和进行其他操作。

(5) 施工单位进入局房，需携带其单位的资质证书、安全生产许可证复印件、安全生产考试合格证书复印件，施工证、出入证、登高证、电工证、电气焊操作证原件(或附件)等。

(6) 严禁施工人员在通信局房内吸烟(含外阳台)，严禁在局房内打牌、下棋和在维护终端上打游戏。

(7) 未经局房管理人员或现场监理允许不得带领无关人员进入局房。

(8) 严禁乱拉电源线、网线，私自接入各种监控仪器、仪表。

(9) 未办理动用明火许可证，不得私自动用明火。

(10) 用于设备调测临时布放的线缆，要求上走线架布放并固定捆扎。

(11) 调试人员的背包须集中放置在指定位置，不得随意乱放。

(12) 施工期间及设备调试维护完毕，要及时清理现场；施工结束后，不得随意堆放包装箱、施工废料及垃圾等。

(13) 以上各项条款现场执行，有拒绝执行者，暂停施工、调测等工作。

三、施工过程中预防电气触电事故具体细则

电气事故在所有机房建设施工事故中占比较大且危害严重，通常引起电气事故的主要原因有：绝缘损坏、安全距离不够、接地不合理、电气保护措施不足及安全标志不明显等。因此，在进行机房施工作业前，必须做好电气触电事故的预防工作，具体细则如下：

(1) 使用金属的盒、管、架等，应有一个与地相连的电极，并应由有资质的人员定期地对系统进行检查和测试。

(2) 在做电路及仪表工作时，要求断开开关并锁好，工作人员要亲自对仪表进行检查，以保证其处于"断开"的状态。如果必须在通电的电路及仪表上作业时，要有严格的管制措施，而且一事一批准。要考虑使用橡皮或其他的非导电防护措施。为保证不直接参与工作的人员不被暴露在这种风险之中，要使用围栏及警示通知。所有的工具及设备，都必须是绝缘的。

(3) 在靠近电路的非绝缘部分工作时，要考虑绝缘问题。在所有的情况下，使装置"断开"应是一个主要的目标，除非这样做不可能。可以使用各种永久或临时的绝缘体，如电缆套、橡皮套等。

(4) 只有经过适当培训并有适当经验的人员才能从事安装、维护、测试及检验电气电路及设备工作。

(5) 在粉尘及液体运动的过程中，会产生电荷，它会产生电火花并且会对粉尘云团及可燃蒸气起点火的作用。此外，在其他工作环境下，静电会使工人烦躁，也可能造成因有静电火花而成的其他事故。预防静电的措施有：接地、不使用或安装产生静电的设备、作

业人员穿防静电鞋。

任务 5.2.2 建立通信局房安全维护管理制度

任务实施

通信机房是支持信息系统正常运行的重要场所，除了要做好机房用电安全以及防火工作以外，为保证机房设备与信息的安全，保障机房有良好的运行环境和工作秩序，还需要在机房的日常工作和设备维护中，建立一套完整的工作规章制度，以规范工作人员的工作行为，确保通信信息和设备的安全。

一、机房工作人员工作职责

(1) 机房值班管理员或兼任系统管理员，必须承担起对机房内各类设备进行安全维护和管理的责任，以确保机房安全。

(2) 机房管理员应认真履行各项机房监控职责，定期按照规定对机房内各类设备进行检查和维护，及时发现、报告、解决系统出现的故障，保障系统的正常运行。

(3) 系统管理员必须制订地址分配表和中心内部线路的布局图，给每个端口编上号码，以便操作和维护。机房管理员须经常注意机房内的温度、湿度、电压等参数，并做好记录，发现异常及时采取相应措施。

(4) 机房内的通信设备、网络设备、电源等重要设施必须由有资质的系统管理员严格按照规定操作，严禁随意开关。

(5) 严格遵守保密制度，机房内的重要数据资料和软件必须由专人负责保管，未经允许、不得私自拷贝、下载和外借；严禁任何人在机房的计算机上使用未经检测允许的介质，如软盘、光盘及其他移动存储设备等。未经许可任何人不得挪用和外借机房内的各类设备、资料及物品。

二、通信机房操作管理制度

(1) 通信机房工作人员应当坚守值班岗位，不得擅自脱岗，密切监视通信设备运行状况以及各网点运行情况，确保安全、高效运行。对机房数据操作改动需要实行双人作业制度。

(2) 坚持每天对机房环境进行清洁，每周进行一次大清扫，对机器设备吸尘清洁。

(3) 严格按照每日预制操作流程进行操作。对新上业务及特殊情况需要变更流程的，应事先进行详细安排并书面报负责人批准签字后方可执行，所有操作变更必须有存档记录。

(4) 值班员在完成机房相关操作后，必须如实、详细填写系统管理员机房操作日志等各种登记簿，以备后查。

(5) 严格做好各种数据、文件的备份工作。中心服务器数据库要定期进行双备份，并严格实行专人存放、专人保管。所有重要文档定期整理装订，专人保管，以备后查。

三、通信机房设备运行管理制度

(1) 未经负责人批准，通信机房值班人员不得在机房设备上编写、修改、更换各类软件系统及更改设备的参数配置。

(2) 必须经负责人书面批准后方可进行各类软件系统的维护、增删、配置的更改以及各类硬件设备的添加、更换；对每次的更改需要做好详细的登记和记录，对各类软件、现场资料、档案需要做好整理存档。

(3) 为确保数据的安全保密，对各业务单位、业务部门送交的数据及处理后的数据都必须按有关规定履行交接登记手续。

四、计算机病毒防范制度

(1) 必须增加计算机病毒防范意识，系统管理人员需要定期对机房计算机，特别是服务器进行病毒检测，发现病毒立即处理并通知部门负责人或专职人员。

(2) 必须采用国家许可的正版防病毒软件进行病毒检测，并及时更新软件版本。

(3) 未经部门负责人许可，当班人员不得在服务器上安装新软件，若确定需要安装，须经部门负责人批准，安装前应进行病毒例行检测。

(4) 经远程通信传送的程序或数据，必须经过检测确认无病毒后方可使用。

五、数据保密及数据备份制度

(1) 根据数据的保密规定和用途，确定使用人员的存取权限、存取方式和审批手续。

(2) 禁止泄露、外借和转移专业数据信息。

(3) 制订业务数据的更改审批制度，未经部门负责人批准，不得随意更改业务数据。

(4) 业务数据必须定期、完整、真实、准确地转储到不可更改的介质上，并要求集中保存，保存期限至少 2 年。

(5) 备份的数据必须指定专人负责保管，由管理人员按规定的方法同数据保管员进行数据的交接。交接后的备份数据应在指定的数据保管室保管。

(6) 备份数据资料保管地点应有防火、防热、防潮、防尘、防磁、防盗设施。

(7) 严格控制进入机房人员，非机房人员未经许可不得入内。确有必要进入机房的人员须认真填写"外单位人员出入机房登记表"，并在机房管理员的指导下进行有关操作。

(8) 机房内应保持清洁，定期消毒、杀菌，保证机房的安全和卫生，严禁在机房抽烟、喝水、吃东西、乱扔杂物、大声喧哗等。

(9) 机房禁止放置易燃、易爆、腐蚀、强磁性物品。机房管理员须做到防静电、防火、防潮、防尘、防热，禁止将机房内的防护设施挪作他用，确保机房安全。

小 试 牛 刀

一、简答题

1. 简述机房工作人员的工作职责。

2. 简述如何做好机房数据的保密和备份工作。

二、单选题

1. 通信机房的数据实行(　　)作业制度。

A. 单人　　　　　　B. 双人　　　　　　C. 三人　　　　　　D. 小组

2. _____对机房环境进行清洁，以保持机房整洁；_____进行一次大清扫，对机器设备吸尘清洁。本题应选(　　)。

A. 每日，每周　　　　　　　　B. 每日，每月

C. 每周，每月　　　　　　　　D. 每月，每季度

3. 电源工程施工时，进入机房前必须更换_____，机房设备维护人员进入机房必须穿_____、换穿_____，当电磁辐射达到某一程度时，还需穿上_____。本题应选(　　)。

A. 防静电鞋、防静电服、绝缘鞋、防辐射服

B. 绝缘鞋、防静电服、防静电鞋、防辐射服

C. 绝缘鞋、防辐射服、防静电鞋、防静电服

D. 防静电鞋、防辐射服、绝缘鞋、防静电服

4. 下面不是机房预防静电所采取的措施的是(　　)。

A. 接地　　　　　　　　　　　B. 不使用或不安装产生静电的设备

C. 设备上加装浪涌保护器　　　　D. 作业人员穿防静电鞋

5. 下面说法错误的是(　　)。

A. 严禁擅自关断运行设备的电源开关

B. 设备在加电前应进行检查，设备内不得有金属碎屑

C. 插拔机盘、模块时应佩戴接地良好的防静电手环

D. 在单独设置的电池室内，交流电源线应明敷，室内需要在适当位置安装电源开关、插座，便于设备的调试

三、多选题

1. 防雷与接地检查包括(　　)。

A. 防雷器　　　　　　　　　　B. 机房室内外防雷接地铜排

C. 机房室内走线架接地　　　　　D. 机房光缆加强芯接地

E. 设备机架接地

2. 机房用电安全检查包括(　　)。

A. 机房外市电引入安全检查　　　B. 机房空调用电安全检查

C. 用电安装规范检查　　　　　　D. 机房用电标签检查

E. 设备安装一、二次用电检查

3. 消防安全检查包括(　　)。

A. 机房封堵 B. 机房门窗

C. 机房灭火器 D. 照明安装

4. 机房管理员的职责有(　　)。

A. 负责对机房内各类设备、进行安全维护和管理

B. 定期按照规定对机房内各类设备进行检查和维护

C. 经常注意机房内温度、湿度、电压等参数，并做好记录

D. 负责向有关单位提供机房设备资料和数据。

四、判断题

1. 电缆等各种贯穿物穿越墙壁或楼板时，必须按要求用防火封堵材料封堵洞口。(　　)

2. 电气设备着火时，必须首先使用灭火器灭火。 (　　)

3. 伸缩梯伸缩长度严禁超过其规定值。在电力线、电力设备下方或危险范围内，严禁使用金属伸缩梯。 (　　)

4. 油机室和油库内必须有完善的消防设施，严禁烟火。 (　　)

5. 新设备安装前应把新设备开关置"开"的位置，再就位安装。 (　　)

能 力 拓 展

制定机房安全维护使用规章制度

现在很多大学里面都有自己的数据中心，放置着学校各应用系统的服务器、存储设备、网络设备和监控系统等，是学校的信息化基础设施，对学校的教学、信息化办公等起到非常重要的作用，因此对机房的安全必须要特别的重视。现在，为了保证学校数据中心机房在日常使用维护中的安全可靠，请制定数据中心机房安全使用规章制度。具体要求规章制度中需要包含以下几方面的内容：

(1) 工作人员日常行为准则。

(2) 机房人员进出管理制度。

(3) 机房用电安全制度。

(4) 机房消防安全制度。

(5) 机房硬件设备维护和使用制度。

(6) 机房资料、文档和数据安全制度。

参 考 文 献

[1]　邵宏，何云龙，于艳丽，等. 现代通信局房工艺及立体化设计[M]. 北京：人民邮电出版社，2015.

[2]　雷卫清，袁源，戴源，等. 下一代绿色数据中心[M]. 北京：人民邮电出版社，2013.

[3]　钟景华，朱利伟，曹播，等. 新一代绿色数据中心的规划与设计[M]. 北京：电子工业出版社，2010.

[4]　漆逢吉. 通信电源[M]. 5 版. 北京：北京邮电大学出版社，2020.

[5]　张泉，李震. 数据中心节能技术与应用[M]. 北京：机械工业出版社，2018.

[6]　顾大伟，郭建兵，黄伟. 数据中心建设与管理指南[M]. 北京：电子工业出版社，2010.

[7]　饶小毛，李茂勇，章异辉. 通信机房动力系统设计与维护[M]. 北京：电子工业出版社，2015.

[8]　吕莹亮. IDC 数据机房设计探讨[J]. 通信电源技术，2020，10.

[9]　张昆，宋业辉，钱程. 高效制冷机房性能化设计方法研究[J]. 暖通空调，2021，S1.

[10]　张伟平. 通信汇聚机房安全隐患整治及管理措施[J]. 网络安全技术与应用，2022，4.

[11]　黄俊. 高校数据中心机房安全建设研究[J]. 网络空间安全，2020，10.

[12]　王子懿. IDC 大数据中心机房空调精确送风模式分析与实践[J]. 广东通信技术，2022，4.

[13]　刘荔，赵宇，刘亚姣，等. 电子信息机房空调通风消防设计[J]. 制冷与空调：四川，2021，3.

[14]　王慧. 现代通信 IDC 机房设计重点研究[J]. 数字通信世界，2020，5.

[15]　李旭峰，乔书芳，王昆. 电子信息系统机房安全管理研究[J]. 信息技术与信息化，2016，12.

[16]　刘林. 某 A 级数据中心的供配电系统设计[J]. 现代建筑电气，2021，8.

[17]　四川省住房和城乡建设厅. 建筑物电子信息系统防雷技术规范：GB50343—2012[S]. 北京：中国建筑工业出版社，2012.

[18]　中华人民共和国工业和信息化部. 通信电源设备安装工程设计规范：GB51194—2016[S]. 北京：中国计划出版社，2017.

[19]　中华人民共和国住房和城乡建设部，中华人民共和国质量监督检验检疫总局. 建筑照明设计标准：GB50034—2013[S]. 北京：中国建筑工业出版社，2014.

[20]　中华人民共和国住房和城乡建设部，中华人民共和国质量监督检验检疫总局. 供配电系统设计规范：GB50052—2009[S]. 北京：中国计划出版社，2009.

[21]　中华人民共和国住房和城乡建设部，中华人民共和国公安部. 建筑设计防火规范：GB50016—2014[S]. 北京：中国计划出版社，2018.

[22]　中华人民共和国住房和城乡建设部，中华人民共和国质量监督检验检疫总局. 建筑装饰装修工程质量验收标准：GB50210—2018[S]. 北京：中国建筑工业出版社，2018.

[23]　中华人民共和国信息产业部. 电信专用房屋工程施工监理规范：YD/T5073—2021[S]. 北京：北京邮电大学出版社，2021.

[24] 中华人民共和国住房和城乡建设部，国家市场监督管理总局：GB50348—2018[S]. 北京：中国计划出版社，2018.

[25] 中华人民共和国住房和城乡建设部. 综合布线系统工程设计规范：GB50311—2016[S]. 北京：中国计划出版社，2016.

[26] 中华人民共和国工业和信息化部. 数据中心设计规范：GB50174—2017[S]. 北京：中国计划出版社，2017.

[27] 中华人民共和国建设部，中华人民共和国国家质量监督检疫总局. 气体灭火系统设计规范：GB50370—2005[S]. 北京：中国计划出版社，2005.

XDUP　714800

通信局房工艺及动力系统设计与维护

ISBN 978-7-5606-6846-8

9 787560 668468 >

定价：42.00元